U0186725

本书系2019年度国家社科基金艺术学重大项目"网络文化安全研究"（项目批准号：19ZD12）阶段性成果之一。

| 光明学术文库 | 政治与哲学书系 |

数字冷战研究

——案例、争议及走向

徐培喜 | 著

光明日报出版社

图书在版编目（CIP）数据

数字冷战研究：案例、争议及走向 / 徐培喜著 . --
北京：光明日报出版社，2022.6
ISBN 978 - 7 - 5194 - 6719 - 7

Ⅰ.①数… Ⅱ.①徐… Ⅲ.①互联网络—治理—研究
Ⅳ.①TP393.4

中国版本图书馆 CIP 数据核字（2022）第 130533 号

数字冷战研究：案例、争议及走向
SHUZI LENGZHAN YANJIU：ANLI、ZHENGYI JI ZOUXIANG

著　　者：徐培喜

责任编辑：郭玫君　　　　　　　　责任校对：崔瑞雪
封面设计：中联华文　　　　　　　责任印制：曹　净

出版发行：光明日报出版社
地　　址：北京市西城区永安路 106 号，100050
电　　话：010-63169890（咨询），010-63131930（邮购）
传　　真：010-63131930
网　　址：http：//book.gmw.cn
E - mail：gmrbcbs@ gmw.cn
法律顾问：北京市兰台律师事务所龚柳方律师

印　　刷：三河市华东印刷有限公司
装　　订：三河市华东印刷有限公司
本书如有破损、缺页、装订错误，请与本社联系调换，电话：010-63131930

开　　本：170mm×240mm
字　　数：210 千字　　　　　　　印　张：16
版　　次：2022 年 6 月第 1 版　　印　次：2022 年 6 月第 1 次印刷
书　　号：ISBN 978 - 7 - 5194 - 6719 - 7

定　　价：95.00 元

前言：网络空间全球治理的两种路线之争

　　网络空间全球治理是个万花筒，拥有政治、经济、外交、军事、技术等多重含义，涵盖数万亿数字经济规模，影响军事和情报信息化，关乎国家安全和政治稳定，占据科技创新、对外贸易、对外宣传制高点，涉及网信、工信、公安、国防、贸易、金融等所有部门，容纳技术社群、民间团体、私有部门等各类非国家行为主体。近些年来，网络空间全球治理已经演变成为地缘政治领域极其复杂的难题，上升为各国最高领导人高度关注的核心议题。

　　从进程和事件的角度来看，网络空间全球治理辩论经历了诸多重大过程和事件：1998—2020 年六届联合国政府专家组谈判、2003—2005 年两届联合国信息社会世界峰会、2006—2020 年十五届联合国互联网治理论坛、2013—2015 年中美网络安全争议、2013—2014 年斯诺登泄密事件、2014—2016 年互联网关键职能管理权移交、2016—2017 年美俄社交媒体争议，以及 2018 年迄今美国制裁中国高科技企业并提出"清洁网络计划"等。

　　网络空间全球治理辩论既繁荣活跃、欣欣向荣，又荆棘丛生、充满挫折。一方面，这个领域生机勃勃，充满活力。许多领域尚处于灰色地带，许多人都在摸着石头过河，各种机制与进程不断诞生，各种倡议层出不穷，各类国家和非国家行为主体都冲到了网络空间全球治理的前线。另一方面，这个领域的对话走入深水区，困难重重、充满挫折，各国各方发现难以全面驾驭这个对话领域，在关键议题上存在深刻分歧。

及至 2020 年，从这繁复庞杂的线索当中，日益生长出来两种截然不同的路线：数字共同体路线和"数字冷战"路线。

一、数字共同体路线

网络空间全球治理具有高度的广泛性、复杂性、多面性以及交织性。一方面，面对如此广泛、重要且复杂的政策领域，国际社会无法也无力复制在核武器（《不扩散核武器条约》）、海洋（《联合国海洋法公约》）、气候变化（《巴黎气候协定》）等全球治理领域的成功经验，这个领域尚不具备达成广泛共识、签订一纸条约的条件。网络空间全球治理的对话版图分裂割据的局面仍将持续很长时间，注定在 21 世纪 20 年代这十年间备受关注。

但是，另一方面，各国、各方均在不断试探，寻找新的发力点和发力方式，许多行为主体均能够做到从人类命运共同体的高度出发，像应对气候变化问题那样寻求建立全球治理框架和机制，在保障全球一网、互联互通的基础上争取就争议问题达成共识，促进全球数字经济的繁荣，提升相互依存和共生程度，降低网络空间发生冲突的风险，维护网络空间稳定和繁荣。

许多国家、企业、民间团体以及有声望的社群领袖均提出了自身的主张。2017 年，微软公司提出六点主张。2018 年，法国总统马克龙提出九点倡议。2019 年，网络空间稳定全球委员会（Global Commission on the Stability of Cyberspace）完整地推出八点规则。2019 年，"万维网之父"蒂姆·伯内斯·李推出的《互联网契约》囊括了九条原则。2020 年，中国提出的《全球数据安全倡议》列举了八条主张。这些行为主体基本能够做到从数字共同体的基本共识出发思考网络空间挑战，这些文本都构成了研究网络空间全球治理的重要参照点。

这些国家和利益相关方认识到了网络空间的独特性，另辟蹊径，转变思路，不追求签署条约，而是先致力于搭建局部共识和治理框架，近几年来已经取得了较为深入的成果，提出的倡议和主张具备了丰富多彩的细节。

二、数字冷战路线

然而，网络空间全球治理的特点导致它容易被极端意识形态思维滥用。2017 年，以美国特朗普总统为代表的技术民粹主义者上台以来，迅速抛弃了前任奥巴马政府奉行的全球合作路线，"数字冷战"的风险随之急剧增长。

2020 年，美国当局以国家安全为借口，推出"清洁网络计划"等一系列政策措施，以单边主义行动强制整合全球治理领域的对话版图，将传统军事领域的假想敌延伸到数字经济领域。美国不断扩大在遏制中国华为公司方面积累的"战果"，要求在电信运营商、应用程序、应用商店、云服务、海底光缆、5G 等多个核心网信领域排除异己，强制世界其他国家在中美之间选边站队。

这种在全世界划分敌我阵营的路线不仅获得了澳大利亚、加拿大等"五眼联盟国家"的支持，还攻陷了爱沙尼亚、捷克等中东欧国家，甚至还在印度等新兴国家阵营获得响应。美国的单边行动在较大程度上拉开了"数字冷战"的序幕，网络空间全球治理进程平添变数，网络空间的和平路线严重受阻，数字经济合作的机遇期和窗口期迅速收缩，关于互联网分裂、互联网碎片化、巴尔干化以及"数字孤岛"的讨论骤然增多。

美国国内两大利益集团在网信问题上的博弈将在一定程度上决定全球互联网的未来。美国目前存在两种网络空间全球治理模式的争议，分别是：（1）由信息产业界与一些民主党开明人士支持的，强调政府、企业、技术社群等多方主体共同参与治理的多方模式；（2）由军工、情报、安全部门支持的进攻性网络主权模式。双方博弈的结果将影响互联网是否会走向分裂。

如果美国新当选总统拜登沿袭特朗普执政期间的另类做法，不及时纠偏，任意将数字问题意识形态化，任由极端主义网络主权论者胜出，泛化国家安全思维，那么全球互联网的命运将充满不确定性。其他国家如何应对这种挑战尚不清晰，但是当前的局面较为悲观。这个领域的当前矛盾已经初步体现为把技术问题意识形态化的美国、强调绝对安全和以牙还牙的俄罗斯、试图走第三条道路的欧洲，以及努力维护自身数字经济利益的中国之间的博弈与分歧。

美国强硬派已经形成了从欧洲和亚洲两个方向对中国发动网信攻势，利用"点—线—面"步步为营的方式来围剿华为公司和抖音国际版 TikTok 等中国明星高科技企业。在欧洲，美国利用爱沙尼亚、捷克、波兰等中东欧小国作为战略支点和突破口，签署联合声明共同抵制中国 5G 企业，最终动摇了英国、法国等欧洲大国在 5G 领域的政策立场。

在亚洲，美国利用日本和澳大利亚作为突破口，并在印太战略的支撑下将印度拉入了美日澳同盟圈，怂恿印度首先出手封禁中国 APP。美国拜登总统不大可能从这两条阵线上"鸣金收兵"。在这些极端路线的映衬下，法国总统马克龙的《巴黎倡议》和网络空间稳定全球委员会的主张反而显得和平仁慈、顾全大局。

在网信领域，美国已经初步完成了从跨大西洋路线和印太路线围堵中国的部署，这种围堵中国的路线持续下去的可能性较大，总体上可以被称作数字冷战路线。

三、本书体例

本书以经典案例的方式再现了数字共同体和数字冷战两种网络空间全球治理路线的形成过程。

本书第一章回顾了国际信息新秩序，记述了数字时代之前东方国家、西方国家和南方国家围绕信息问题的阵营化博弈过程。第二章描写了在日内瓦和突尼斯分两期召开的信息社会世界峰会，分析了互联网治理议题被首次纳入国际政治议程的过程。第三章讨论了互联网治理历史上的第一个至暗时刻：斯诺登泄密事件。

第四章介绍了中美两国在奥巴马和特朗普两任政府期间围绕网络安全议题所开展的辩论。第五章以俄罗斯主权网、主权网法律、断网测试为例介绍了俄罗斯如何应对来自美国的网络安全挑战。第六章介绍了欧洲以爱沙尼亚、海牙、巴黎以及日内瓦为代表的四条不同的网络安全外交路线。

第七章记叙了国际社会以及美国国内不同利益集团围绕 IANA 职能管理权移交所展开的政治博弈。第八章对数字冷战和数字共同体两种路线进行了思想溯源。

四、致谢

本书作为 2019 年度国家社科基金艺术学重大项目"网络文化安全研究"的成果出版，课题负责人为廖祥忠教授，特此致谢。中国传媒大学研究生耿倩茹撰写了第三章的七个案例，姚天天撰写了第六章第四部分，俄罗斯圣彼得堡大学学者 Ilona Stadnik 完成了第五章的第一和第二部分的英文稿，中文初稿由罗美琪翻译完成，特此致谢。芬兰坦佩雷大学教授 Kaarle Nordenstreng、丹麦奥尔胡斯大学教授 Wolfgang

Kleinwächter、美国佐治亚理工学院教授 Milton Mueller 提供了诸多学术支持，特此致谢。此外，本书的撰写过程耗费时日，感谢我太太安丽、儿子徐嘉安的理解和包容。

目 录
CONTENTS

第一章

国际信息新秩序

一、简介

在信息问题国际治理的历史上，国际信息新秩序是个极具争议的主题。从 20 世纪 70 年代末期至今，围绕国际信息新秩序进行的争执仍然连绵不绝。特拉伯与诺顿斯登（Michael Traber 与 Kaarle Nordenstreng，1992）将此定义为一场"媒介改革运动"。[①] 默多科斯（Alain Modoux，2003）认为这是极权国家实施国际与国内信息控制的行动。[②] 赵月枝与哈克特（Yuezhi Zhao 与 Robert A. Hackett，2005）将此定义为一场"媒介民主化浪潮"。[③]

国际传播教材对国际信息新秩序的说法也存在天壤之别。图苏（Daya Thussu，2006）认为新秩序是发展中国家的进步诉求。麦克费尔（Thomas McPhail，2006）却认为其是扼杀媒介自由的刽子手。那么，围绕着国际信息新秩序，究竟发生了什么样的误会与争议，以至于产生

---

① Traber M, Nordenstreng K. Few Voices, Many Worlds: Towards a Media Reform Movement [M]. London: World Association for Christian Communication, 1992: 1.

② Modoux A. The World Summit on the Information Society: Moving from the Past into the Future [M]. New York: The United Nations Information and Communication Technologies Task Force, 2003: 205.

③ Yuezhi Zhao, Hackett A. Democratizing Global Media: One World, Many Struggles [M]. Lanham: Rowman & Littlefield, 2005: 4.

了如此南辕北辙的评论？

　　万幸的是，国际信息新秩序的真相犹存，这场运动的亲历者仍然健在，他们继续捍卫国际信息新秩序的进步性、民主性以及正义性，不断发掘新秩序的新内涵。即便如此，诋毁的声音仍然不绝于耳，一些冥顽不化的西方国家以及西方保守右翼学者抵死也不承认新秩序的进步意义。

　　何至于此？因为亲手扼杀国际信息新秩序的那些政治和商业媒介势力仍然主导着这个世界以及世界舆论，而且眼下关于互联网治理的全球辩论几乎是国际信息新秩序辩论的翻版。

　　也正因为如此，彼时积极投身国际传播正义事业的批判学者们即便已经两鬓如霜、年过古稀，此时仍然必须像古罗马斗兽场上的角斗士一样打起精神，在主流的学术平台上不断更新关于国际信息新秩序的真相。作为国际信息新秩序辩论的最重要的产物，联合国教科文组织出版的《一个世界，多种声音》也是最早被翻译成中文的国际传播书籍。作为海外最早一批新闻传播学者之一，李金铨的一些早期文章和著作曾受到这段历史的启发。中国大陆最早记叙国际信息新秩序的学者是中国社会科学院的明安香。①

　　就行为主体而言，参与国际信息新秩序政治辩论的政治力量主要由三大阵营组成：南方发展中国家、东方社会主义国家以及西方资本主义国家。南方发展中国家的主要代言人是不结盟运动国家，这些国家跟东方社会主义国家形成了天然同盟，共同在联合国教科文组织发起国际信息新秩序运动，挑战西方资本主义国家的信息垄断，呼吁在传播实力、信息流通以及报道质量方面做出改变。在认识这三大阵营的时候，需要注意两个背景因素。

---

① 明安香. 关于建立世界新闻新秩序 [J]. 百科知识, 1984 (9).

（一）冷战思维压倒一切的时代

当时国际传播的主导背景是美苏争霸，这已经事先注定了冷战思维会凌驾于一切诉求之上。不结盟运动国家心有余而力不足，无法掌控辩论的方向。东西之争的实质是意识形态之争，两大阵营之间几乎没有贸易往来；南北之争的实质则是发展问题之争。但东西阵营的意识形态争议盖过了发展问题的争议。美苏意识形态对抗涵盖了从社会制度到媒介制度等多个维度。

在这种对抗语境下诞生的典型学术著作便是 1956 年出版的《报刊的四种理论》。于是我们便见到所谓传播学四大创始人之一施拉姆（Wilbur Schramm）费尽心思地将苏联媒介制度污蔑为"极权主义"，其同事西伯特（Fred S. Siebert）则将西方模式美化为"自由主义"。实则美苏两种模式均各自服务于政治和商业利益。

及至 1984 年，阿特休尔（Herbert Altschull）在《权力的代言人》一书中提出"报纸、杂志、广播、电视并非独立的行为主体"以及"所有报业体系中的新闻媒介都是政治、经济权力的代言人"，《报刊的四种理论》作为英美畅销的教科书已经荼毒众人接近 30 年之久。

1995 年出版的《最后的权利：重议〈报刊的四种理论〉》与 2009 年出版的《媒介规范理论》更为系统地道出了《报刊的四种理论》的谬误。这些书籍的作者正是活跃在国际信息新秩序思想阵线的传播批判学者。

到了 21 世纪，苏联早已分崩离析，东欧已经改弦更张，南斯拉夫这个不结盟运动国家的领袖已经被民族问题和北约单方面发起的科索沃战争埋葬。但是主要西方国家不但并未收敛，而且乘胜追击，借助军事和经济实力，更加肆无忌惮地推行霸权主义对外政策。"西方力量非但没有收敛自身的报复心理，反而变本加厉，发展出来进一步施害的心态，那些跟先前社会主义政权有关联的所有人，包括那群推翻社会主义政权的改革者，也没能幸免。"①

由于自身的全面崛起，中国已被卷入大国斗争的旋涡。虽然"软实力"提出者约瑟夫·奈（Joseph S. Nye）提醒美国当局不要像对待苏联那样对中国采取遏制战略，但是借着长期以来形成的霸权思维的惯性，现下美国对华政策的重心无疑已经转向遏制与对抗政策。②

发展问题以及南北差异本应是当下国际关系的本质和主流，但是却被主导国家扭曲成了意识形态争议，而以对峙的视角来看待其他国家，收获的必然是差异而非共识。正是因为新秩序的目标没有实现，主导国家和西方商业媒介掌握着国际传播的话语权，南方发展中国家依然无法扭转自身在当下国际传播格局中的被动局面。

广大发展中国家之间的联系日益增多，各国的交流不受教条主义的束缚，各国均不自我标榜，均不站在"言论自由"等道德制高点上去指责别人，未来随着经济实力的增长，有潜力真正重塑国际传播格局。在关于互联网治理辩论中，中国、俄罗斯、印度、巴西、南非五个金砖国家取代了原先的不结盟运动国家，成为核心行为主体，但是五国内部的分歧也逐渐显现，新兴国家之间的凝聚力面临巨大挑战。

（二）三大阵营内部各有裂痕

三大阵营的内部均非铁板一块。在西方资本主义国家当中，敌视新秩序的政治力量主要是右翼保守势力，这些势力尤其以美国传统基金会（Heritage Foundation）首当其冲，其他机构包括美国媒介理事会（the Inter-American Press Council）、国际媒介学院（International Press Institute），以及世界媒介自由委员会（the World Press Freedom Committee）。

西方左翼和自由主义的力量大都对国际信息新秩序持有同情立场，

---

① Nordenstreng, K. 世界信息与传播新秩序的教训 [J]. 徐培喜译. 现代传播，2013 (6).

② 约瑟夫·奈：中国不是苏联 勿采用遏制战略 [EB/OL]. 四月网，2013-01-30.

这些力量包括罗马的"重塑世界秩序"俱乐部（Club of Reshaping the International Order）、瑞典的哈默斯科尔德基金会（Dag Hammarskjold Foundation），以及德国的埃伯特基金会（Friedrich Ebert Foundbation）。

此外，法国独特的文化传统以及加拿大相对于美国的独特地理位置均使得两国对美国文化产品具有警觉心理，这两个国家并不完全敌视新秩序。尤其是法国一贯奉行保守的文化政策，使得法国思想家与法国媒介文化产品一直在西方国家中别具一格。

但是不管如何，国际信息新秩序触动的是西方国家的整体利益，法国媒介本身也备受指摘，因此西方国家在官方口径上是一致对外的。西方自由与批判学者在真正意义上构成了新秩序的支持力量，这些学术力量实际上构成了南方与东方之外支持新秩序的第三方力量。①

南方阵营和东方阵营之间以及两大阵营的内部也存在摩擦，甚至爆发战争。不结盟运动国家形成的初衷就是要在美国与苏联两个超级大国之间寻找第三种立场，希望在美苏两个超级大国中间另开言路，利用媒介促进本国的自主发展，并不想过多地卷入意识形态的对抗。另外，南方阵营内部就有乌干达与坦桑尼亚以及伊朗与伊拉克之间的战争。东方阵营内部存在苏联与中国之间水火不容的对抗。②

实际上，中国兼具东方社会主义国家和南方发展中国家两个角色，以南方国家来定义中国要比东方国家更加合适。早在 50 年代末期，后来新秩序辩论的亲历者以及国际新闻社创始人萨维欧（Robert Savio）访华之后便在《意大利求知》杂志上发表了长篇文章，描述了中苏两国关系的裂痕，结果遭到了意大利左右两翼的谴责。右翼认为他对共产

---

① Nordenstreng K, Vincent C. Towards Equity in Global Communication：Macbride Update [M]. New York：Hampton Press, 1999：238-239.

② Nordenstreng K, Vincent C. Towards Equity in Global Communication：Macbride Update [M]. New York：Hampton Press, 1999：238-239.

主义的威胁轻描淡写；左翼责怪他破坏工人运动的团结。①

1969 年，中苏之间爆发的珍宝岛事件验证了萨维欧的观点。1962 年，中国和印度这个不结盟运动的领袖之间也曾经由于殖民时期留下的领土纠纷爆发过战争。这场战争一度将中印由兄弟关系变成了仇敌，至今仍是中印关系中迈不过去的坎儿。这些内部争议都构成了国际信息新秩序辩论的背景。

二、1976 年：不结盟运动国家与批判学者的相遇

（一）不结盟运动国家

不结盟运动的萌芽产生于 1955 年在印度尼西亚万隆召开的亚非会议。这次会议确立了国际关系史上令人耳目一新的外交原则——和平共处五项原则：互相尊重领土主权、互不干涉内政、平等互利、和平共处、互不侵犯。这些被用于解决中印边界冲突的原则被引入多边关系，奠定了不结盟运动国家之间的合作基础。1961 年，不结盟运动国家第一次峰会在贝尔格莱德召开，东西对峙的国际政治当中从此正式诞生了一个新的维度——南方发展中国家。

1973 年，不结盟运动国家第四次峰会在阿尔及尔召开。这次会议拟定了国际经济新秩序的框架，要求重组国际贸易体系，提高发展中国家的经贸谈判实力。按照这次会议的精神，同时为了报复西方国家支持以色列发动十月战争，不结盟运动国家中的石油输出国组织（the Organization of Petroleum Exporting Countries）抬高油价，控制石油产量，采取统一定价，扼住了西方国家的经济命脉，直接造成了 1973 年世界

---

① Savio R. Living the New International Information Order [M] //Padovani C, Calabrese A. Communication Rights and Social Justice. London: Palgrave Macmillan, 2014: 55-73.

石油危机，第一次显示了这个阵营积攒的经济影响力。

阿尔及尔会议还认识到，"帝国主义的行为不仅仅局限于政治与经济领域，还涉及文化与社会领域"，因此此次会议呼吁"在大众传播领域采取一致的行动"。①

1974年，在国际信息新秩序正式提出之前，亚非拉国家合力在联合国通过了国际经济新秩序宣言，致力于打造第一世界与第三世界之间平等的经济关系。具体来说，国际经济新秩序提出五个分阶段的诉求：

（1）提倡更加有利于第三世界的贸易条款，例如，在南北贸易方面拥有更优惠的贸易条件；

（2）提倡第三世界国家占有更多的生产资源，例如，资本、劳动力、管理等方面的资源；

（3）提倡促进第三世界国家之间的贸易交流，即促进南南贸易；

（4）提高第三世界国家在第一世界国家占有的市场份额，即促进南方对北方的反向贸易渗透；

（5）增加第三世界国家在世界经济机构中的影响力，例如，增加在世界银行、国际货币基金组织的发言权。②

国际经济新秩序与国际信息新秩序是一对孪生姐妹。两者构成了这段国际传播历史上两个互相平行的过程，是互相依存的唇亡齿寒关系。当然，不得不提的，中国已经实现了国际经济新秩序的所有目标，但离实现国际信息新秩序的目标，仍然任重道远。1976年3月，不结盟运

---

① 1973年8月，阿尔及尔，会议摘要，International Journalism Institute 资料，第94页。
② Pavlic B, Hamelink C. The New International Economic Order: Links between Economics and Communications [M]. Paris: UNESCO, 1985.

动国家在突尼斯召开了信息问题研讨会。在这次会议上，首次诞生了国际信息新秩序的提法。

这体现在会议委员会的报告当中："考虑到当今世界恃强凌弱的信息体系，不结盟运动国家应与其他发展中国家一道努力，改变这个不平等现状，实现信息领域的去殖民化，发起国际信息新秩序。"① 总体来说，国际传播学者将不结盟运动国家在信息方面提出的基本诉求分为三方面：

（1）各国传播实力相差悬殊，发展中国家缺乏表达自己声音的能力。1970 年，发展中国家当中每千人拥有 32 份报纸以及 9 台电视机，而在发达国家中，这些数字分别是 314 份以及 237 台。双方之间的比例分别是 1∶10 以及 1∶25；

（2）国际信息流通不平衡，国际信息流通是一个从发达国家流向发展中国家的单行道。诺顿斯登与瓦瑞斯收集了 50 多个国家的数据，发现美国在 60 年代中期出口的电视节目是所有其他国家总和的两倍，美国之外的其他主要电视节目出口国依次是英国、法国；

（3）西方媒体充斥着对发展中国家的片面扭曲报道。西方媒介只关注负面的、突发的、琐碎的事件，任意涂抹发展中国家的现实，而不必承担任何责任。

1976 年 7 月，不结盟运动国家又在新德里召开部长会议。透过新德里会议《信息领域去殖民化宣言草案》，我们可以更具体地了解当时不平衡、不公正、不民主的国际传播格局：

---

① Nordenstreng K, Manet E, et, al. New International Information and Communication Order: Sourcebook [M]. Prague: International Organization of Journalists, 1976: 282.

（1）当前全球信息流通存在严重的不足与不平衡。信息传播工具集中于少数几个国家。绝大多数国家被迫消极地接收来自中心国家的信息。

（2）这种现状延续了殖民主义时期的依附与主导关系。人们应该知道什么？通过什么方式知道？对这些问题的判断与决策权掌握在少数人的手中。

（3）当前的信息发送实力主要掌握在少数发达国家的少数通讯社手中。世界上其他地方的人民不得不通过这些通讯社来理解对方甚至自身。

（4）政治领域与经济领域的依附性是殖民主义的遗产。信息领域的依附性也是如此，这反过来又限制了发展中国家的政治与经济进步。

（5）信息传播工具掌握在少数国家少数人手中，在这种条件下，信息自由只是这些人按照自己的方式进行宣传的自由，从而剥夺了其他国家其他人的权利。

（6）不结盟运动国家尤其是这种现状的受害者。在集体与个体层面，他们追求世界和平正义，追求建立平等的国际经济秩序，但是他们的这些努力要么被国际新闻媒介低调处理，要么被误读。他们的团结精神被破坏，他们追求政治经济独立与国家稳定的尝试被任意诋毁。[1]

第（1）（3）（5）（6）条表明了不结盟运动国家在新秩序运动中的三个主要诉求：各国传播实力相差悬殊、国际信息流通不平衡，以及

---

[1] 1976年7月，新德里，会议摘要，International Journalism Institute 资料，第95—97页。

西方媒介对发展中国家的片面扭曲报道。第（2）（4）条交代了这三个诉求的历史背景——殖民主义。

1976 年 8 月，不结盟运动国家在科伦坡召开第五次峰会。出席会议的最高国家首脑正式批准了《信息领域去殖民化宣言草案》。这次会议重申突尼斯会议与新德里会议的精神，并认为，"不结盟国家与发达国家之间的传播实力相差悬殊，而且这种差异仍在不断扩大，这是殖民历史的遗产"，强调"建立国际信息新秩序与建立国际经济新秩序同等重要"。

（二）批判学术力量

传播批判学派兴起的过程与国际信息新秩序酝酿的过程大致平行。批判学者在一系列学术会议批判言论自由的概念，形成了较为统一的认识。这些会议主要是通过联合国教科文组织的首席咨询机构——国际媒介与传播研究学会（IAMCR）来组织的。

该学会成立于 1957 年，这在传播研究史上是个具有里程碑意义的事件。1966 年，国际媒介与传播研究学会在前南斯拉夫召开年会。传播批判学者诺顿斯登（Kaarle Nordenstreng）、席勒（Herbert Schiller）、埃德尔斯坦（Ablex Edelstein）、格伯纳（George Gerbner）以及扎苏斯基（Yassen Zassoursky）通过这次会议建立了联系。

1968 年，国际媒介与传播研究学会再次在前南斯拉夫召开年会，这次会议这样理解国际共识的障碍："控制人思想的体系已经日趋完善，外国的思想源源不断地强加到本国人民的头脑，以至于当代社会人们的头脑在不知情的情况下成为外国思想的俘虏。"[1] 这次会议是"最

---

① Galtung J，Vincent R C. Global Glasnost：Toward a New World Information and Communication Order？[M]. New York：Hampton Press，1992：73.

早意识到国际信息与传播领域需要根本变革的国际会议之一"。①

1969 年，联合国教科文组织在蒙特利尔召开专家会议。这次会议更加直接地提出西方所谓的信息自由流通原则构成了国际共识的障碍：

> 新闻媒介的确能够提高、扩大国际共识，但是文化间信息流通并不见得会提高国际共识。事实正好相反，我们认为，当前所谓的信息自由流通实际上是信息单向流通，而非真正意义上的信息交流。②

同在 1969 年，席勒出版了《大众传播与美帝国》，分析了美国的信息政策。他引用了美国总统杜鲁门对言论自由的认识："跟和平相比，美国人更加重视自由，这些自由包括信仰自由、言论自由以及经济自由。"杜鲁门接着认为经济自由居于这三大自由之首。由此，席勒认为，在美国信息政策中，言论自由其实是"美国大众媒介在世界范围内不受限制地传播信息的机会"或者"美国媒介产品的自由流通"。③

1973 年，联合国教科文组织赞助的电视节目国际流通研讨会在芬兰坦佩雷召开。与会学者包括诺顿斯登、席勒、史麦兹（Dallas Smythe）、戈尔丁（Peter Golding）、古柏克（Thomas Guback）等批判学者。这次会议进一步批判了西方的言论自由概念，认为在国内背景下，这是精英阶级的言论自由；在国际的背景下，这是发达国家的言论自由。

---

① Pavlic B, Hamelink C. The New International Economic Order: Links between Economics and Communications [M]. Paris: UNESCO, 1985: 13.

② Galtung J, Vincent C. Global Glasnost: Toward a New World Information and Communication Order? [M]. New York: Hampton Press, 1992: 73.

③ Schisller H. Mass Media and American Empire [M]. New York: Augustus M. Kelly, 1969: 6.

巧合的是，不结盟国家的合作原则也体现在这次会议的结论当中：

> 本次研讨会认为，各国之间的信息流通应该建立在和平共处原
> 则之上……信息流通应该为增强民族之间相互理解服务，应该为和
> 平事业服务。这就要求各国之间互不干涉内政、互不歧视，以及根
> 除战争宣传。①

此时传播批判学者与不结盟运动国家之间并没有直接联系。"和平
共处""互不干涉"这些术语之所以出现在研讨会的结论当中，是出于
史麦兹的建议。史麦兹此时刚刚结束了他的中国之行，因此顺便将这些
"中国智慧"引入学术讨论中。不结盟运动国家与批判学者实际上共享
了中国这个信息来源。

两者之间的直接联系则要等到三年之后才算正式建立。1976 年 3
月，不结盟运动国家在突尼斯召开信息研讨会。这次会议不仅仅代表了
政治力量，而且也代表着学术力量。电视节目国际流通研讨会的学者发
言与结论被用于起草这次会议的首脑发言。诺顿斯登、斯布利豪
（Slavko Splichal）、帕夫利克（Breda Pavlic）等批判学者亲自参加了这
次会议。学术与政治这两条原本平行的轨道改变了方向，碰到了一起。

（三）联合国教科文组织

各大阵营之间的分歧较为集中地体现在信息流通原则上。西方提倡
信息自由流通原则，东方与南方则认为由于各国传播实力相差悬殊，信
息自由流通不能体现真正的自由原则，只能是从发达国家向发展中国家
的流通。

联合国教科文组织是新秩序辩论的大本营，在这个多边组织当中，

---

① 1973 年 5 月，芬兰坦佩雷，会议记录，第 102 页。

随着各方力量的此消彼长，关于信息流通的官方口径见证了从自由流通到自由而平衡流通，再折返到自由流通的过程。

1949 年，联合国教科文组织创立之时，以美国为首的西方资本主义阵营就提倡信息自由流通原则；到了六七十年代，亚非拉国家取得了一些多边组织的多数席位，联合国教科文组织开始提倡信息自由而平衡地流通；80 年代中期，美英以新秩序为借口，退出联合国教科文组织，致使这个多边组织陷入财政困境，联合国教科文组织新任总干事梅耶重新回到亲西方立场，提倡信息自由流通。

从 1970 年到 1976 年，联合国教科文组织在信息领域的活动主要跟一份大众媒介宣言有关。这份宣言始自白俄罗斯递交的一份提案，主张"利用大众媒介反对战争、种族主义以及国家敌视"。这符合联合国教科文组织宪章捍卫和平的精神。

1972 年，联合国教科文组织第 17 次全体会议通过 4.113 决议，要求总干事在下一次全体会议时递交一份关于"利用大众媒介巩固和平、增强国际共识、反对战争宣传、种族主义、种族隔离"的草案宣言。瑞典法学教授艾科（Hilding Eek）撰写了第一份草案宣言，这形成联合国教科文组织 COM-74/CONF.616/3 文件。

这份文件中有两个条款在接下来六年里引发了极大争议：

第一条　各国既对本国大众媒介在国内的行为负责，也对其在国际范围内信息服务与行为负责。国际责任应符合国际法原则与规则，尤其是联合国宪章。

第四条　大众媒介领域的专业机构应该增强业界新闻责任意识，采取措施鼓励职业道德标准建设，加强国内外媒介从业人员培训，从而利用媒介增强和平信念，增进各国之间的友谊与理解。

这里的第一条只是简单地将国际法的精神贯彻到国际传播领域，第四条实际上体现了新闻业的社会责任理论。① 1974 年，艾科将草案宣言递交联合国教科文组织秘书处。联合国教科文组织召开专家小组会议进行讨论，争议主要在于难以在信息自由与责任之间达到恰当平衡。与会专家对草案进行了修改，形成了 18C/15 文件。

联合国教科文组织当年召开的第 18 次全体会议并没有通过该文件，会员国认为应该慎重对待信息领域的问题，不能仅靠一次专家会议就草率行事。因此，该会议通过 4.111 决议，要求联合国教科文组织在1975—1976 年间召开一次政府间专家会议，讨论 18C/15 文件，并向下一届全体会议递交一份修改后的草案宣言。

从 1970 年到 1974 年，一切看上去都波澜不惊。联合国教科文组织仍然是美国的地盘。按照"惯例"，美国只想在这里讨论会扩大其利益的议题，不想讨论会触动其利益的信息问题。美国认为可以将大众媒介宣言议题无限期地搁置下去，直到将它挤出联合国教科文组织的议事日程。苏联作壁上观，看起来也并不期待能够在信息领域有所作为。

从这些现象来看，1975 年在政府间专家会议上爆发的风暴来得毫无征兆，这场风暴持续升级，最后几乎将联合国教科文组织这棵大树连根拔起。

1975 年 12 月，按照 4.111 决议，联合国教科文组织召开政府间专家会议，讨论大众媒介宣言草案。85 个会员国参加了这次会议，但是会议尚未进入正题，就在导言内容上卡了壳。按照国际文件的惯例，在进入正式内容之前需要澄清该文件的来龙去脉，介绍跟该文件有关的重要历史文本。争议产生在是否应该引述联合国 3379 决议上。在这次会议召开前一个月，阿拉伯国家刚刚在联合国取得重大外交胜利：联合国

---

① Nordenstreng K, Hannikainen L. The Mass Media Declaration of UNESCO [M]. New York：Ablex Publishing Corporation，1984：87.

大会通过 3379 决议，将犹太复国运动定义为种族主义。

　　受此鼓舞，阿拉伯国家希望扩大战果，在大众媒介宣言中引述该决议，引起西方国家的强烈反对。8 个欧洲经济共同体成员国、美国、加拿大、以色列以及奥地利代表团拒绝继续谈判，走出会场进行抗议。这使信息问题雪上加霜，自由与责任之争本来已经难分难解，何况又牵涉进来国际政治史上最具争议的阿以问题。

　　其他国家在这些国家缺席的情况下继续讨论，最后这次政府间专家会议为联合国教科文组织第 19 次全体会议准备了 19C/91 文件。在媒介自由与责任、媒介与国家关系上，这份草案基本保持了原先的陈述：

　　　　第五条　大众媒介不应该煽动、支持战争、暴力、种族隔离以及其他任何形式的国家的、种族的、宗教的仇视。
　　　　第七条　各国对辖内大众媒介在国内与国际领域的所有活动负责。

　　虽然这种简化论述出自苏联，但是在这次会议上爆发的冲突实质上是南方与西方的冲突，而非东方与西方的冲突。这是西方媒介开始密集报道联合国教科文组织的时刻。1975 年 12 月 18 日，《纽约时报》刊发题为"联合国教科文组织文件提及犹太复国运动"的报道。第二天，《纽约时报》又刊发题为"12 国走出会场抗议反犹行为"的报道。

　　1976 年 10 月，联合国教科文组织第 19 次全体会议在肯尼亚首都内罗毕召开。这是联合国教科文组织首次在发展中国家领土上召开全体会议。联合国教科文组织总干事莫布（M'Bow）事先做了协调工作，阿拉伯国家在是否引用联合国 3379 决议方面做出了让步。虽然如此，1975 年爆发的争议仍然使这次会议布满阴霾。西方国家认为 19C/91 文件是在他们当中许多国家缺席的情况下产生的，并以此为借口拒绝承认该文件。他们认为苏联在文件当中提倡的责任论调是对言论自由的干涉。

争议焦点是草案的第一条与第五条。

第一条　政府应该鼓励大众媒介为促进信息自由与平衡流通做贡献。

第五条　对于战争、暴力、种族隔离与其他形式煽动国家、种族、宗教仇恨的罪恶行为，大众媒介有责任避免提供任何形式的辩护与支持。①

即便在如此符合人类和平发展常识的文本上，各方也没有达成共识。

因此，联合国教科文组织总干事决定搁置争议，取消就 19C/91 文件进行表决，临时成立起草与谈判小组，进一步讨论该文件。萨斯曼（Leonard Sussman）认为，成立这个起草与谈判小组的决定其实是联合国教科文组织总干事莫布的无奈之举。真正的情况是，美国在会议开始之前做出威胁，如果联合国教科文组织"在重要争议问题上不能令美国满意"，那么美国将拒绝交付会费甚至退出该组织。

莫布亲自派助手到美国会见时任国务卿基辛格，确认美国的威胁是否当真。等莫布了解到美国不是虚张声势之后，会议已经开始了，于是莫布做出了这个决定。事后发展情况证明，萨斯曼的猜测是准确的。起草与谈判小组经历了几周讨论之后，并没有达成一致。据此，联合国教科文组织全体会议通过了 4.143 决议，决定将此问题推迟到下一次全体会议再进行表决，要求总干事"进一步开展协商，准备一份最终

① Nordenstreng K, Hannikainen L. The Mass Media Declaration of UNESCO [M]. New York：Ablex Publishing Corporation, 1984：301-305.

草案"。

在联合国教科文组织这次全体会议上，不结盟运动国家充分利用了美国与苏联的对立，在会上通过了4.142决议，主张建立并完善发展中国家的信息体系，要求联合国教科文组织总干事：

> 特别关注不结盟运动国家在信息领域的活动……负责这些活动的具体机构是不结盟运动国家联合通讯组织，这涉及不结盟运动国家信息研讨会通过的决议（突尼斯，1976年3月）、不结盟运动国家联合通讯部长会议（新德里，1976年7月），以及就有关问题做出批复的不结盟运动国家科伦坡峰会（1976年8月）。

不结盟运动国家认为，美联社（Associated Press）、合众国际社（United Press International）扭曲了发展中国家的形象，过分报道负面事件与负面特征，成立一个不结盟运动国家的联合通讯组有助于弥补这种不公平现状。

美国此时只想集中火力对付苏联，不想四面树敌，因此勉强接受了这种安排。这个决议打通了新秩序运动的任督二脉。根据这个决议，联合国教科文组织总干事决定成立传播问题研究国际委员会（the International Commission for the Study of Communication Problems），"全面地研究当今社会存在的传播问题"。

到了1977年，传播问题研究国际委员会转化为麦克布莱德委员会。在联合国教科文组织第103次行政会议上，总干事莫布宣布该组织将由16名世界各地著名人物构成，由诺贝尔和平奖与列宁和平奖获得者麦克布莱德（Sean MacBride）任主席，并且"鉴于该委员会研究问题的复杂性，委员会将仅在联合国教科文组织1978年全体会议提交一份中期报告，而在1980年全体会议提交最终报告"。

（四）1976 年：水酒互变的一年

1976 年是政治与学术相结合的一年。

政治上，不结盟运动萌发于 1955 年万隆会议，经历了 1961 年贝尔格莱德会议、1973 年阿尔及尔会议、1975 年利马会议，在 1976 年又召开了突尼斯会议、新德里会议、科伦坡会议。

学术上，在国际媒介与传播研究学会 1966 年会议、1968 年会议、联合国教科文组织赞助的 1969 年会议、1973 年会议上，批判学者探讨了言论自由、信息自由流通、文化帝国主义的概念与证据，坚定了对弱势国家的同情立场，并在 1976 年 3 月突尼斯会议上与不结盟运动国家会师，提出国际信息新秩序。

不结盟运动国家与批判学者的这些努力在 1976 年 10 月联合国教科文组织第 19 次全体会议上得到承认与支持。从此，联合国教科文组织成为不结盟运动国家论证并落实新秩序运动三大诉求的主要阵地。

批判学术与不结盟运动的结合具有正反两方面的意义。一方面，这种结合具有正面意义，学术上的虚无概念转化为实质的政治权力，能够更有效地保护文化多样性，壮大发展中国家传播实力，维系民主。在这个意义上，学术是水，政治是酒，学术的水在 1976 年转化为政治的酒。

另一方面，这种结合也有负面意义，并非所有的政治力量都是从保护文化、关注民生，以及维护和平的角度来利用学术概念，而也有可能借此机会控制本国媒介，限制人民言论自由，维护统治阶级的利益。在这个意义上，学术是酒，政治是水，学术的酒在 1976 年转化为政治的水。

后来新秩序发展的情况发现了正反两方面的证据。因此，1976 年是个关键转折点，正是在这一年，不结盟运动国家抓住了批判学术界传达的信息，提出了国际信息新秩序，文化帝国主义观点也从此被卷入政治斗争的旋涡，甚至学者们也必须根据意识形态而非通过科学探索来决定自己的立场。

1976 年，各大阵营在信息问题上形成微妙对峙关系。苏联想要用"责任"来对抗美国的"自由"，不结盟运动国家更希望使用"平衡"这个中性字眼。不结盟运动国家意识到，要扩大自己在信息问题上的战果，他们既需要苏联的支持，也需要跟苏联拉开距离。

同时，美国意识到联合国教科文组织已经不是自己为所欲为的地盘，在信息问题上必须重视不结盟运动国家的主张，否则可能将这些在国际多边组织当中占有多数席位的国家推向苏联。因此，各方力量在 1976 年以后进入了相持状态。

三、1977—1983 年：国际信息新秩序的三个主要产物

（一）《联合国教科文组织大众媒介宣言》

1978 年，联合国教科文组织第 20 次全体会议成立了东方阵营、西方阵营、南方阵营三方工作组。在会议召开之前，三大阵营已经各自提交了"西方文本""社会主义文本"以及"不结盟运动国家文本"。

这是冷战时代的独特会议分组和工作方式，到了现在关于互联网治理的国际辩论，我们可以看到更加灵活、多样的分类，商业力量和民间团体均被编入其中，从这些会议程序中，可以看到国际传播格局的变化。联合国教科文组织 146 个成员国全票通过了该文件。经过八年的艰苦谈判，《联合国教科文组织大众媒介宣言》终于诞生。

这份最终文件主要是不结盟运动国家与美国进行交易的结果。如果以"责任"一词代表苏联立场，以"自由"代表美国立场，以"平衡"代表不结盟运动国家立场，那么"责任"仅仅在宣言中出现了一次，中间的几次修改几乎删除了关于国家、媒介责任的所有字眼，只有一句话含糊地提及"媒介应该以负责任的方式履行自己的职能"，"自由"出现了七次，"平衡"出现了四次。出现这种情况不足为奇，毕竟，美

国为首的西方国家是不结盟运动国家信息诉求的对象，而不结盟运动国家拥有西方国家维护既定游戏规则所需要的多数选票。

《联合国教科文组织大众媒介宣言》的完整名称叫作"有关大众媒介为加强和平与国际共识、为促进人权以及为反对种族主义、种族隔离与战争煽动而做贡献的基本原则宣言"。

哈梅林克（Cees Hamelink）认为，这份宣言最主要特点是缺少上升为法律文件的特点。[①] 哈梅林克提出了衡量某项宣言的法律意义的三个标准：

（1）该宣言是否获得一致通过；（2）该宣言的措辞是否具备鲜明的、约束性的风格；（3）该宣言在通过之后是否在接下来的辩论当中被广泛引用，用来阐释现有的法律准则。

哈梅林克使用这三个标准来衡量《联合国教科文组织大众媒介宣言》的法律意义，得出的结论是"极差"。确实，该宣言获得各国一致通过，但是，这个事实本身是大打折扣的。西方国家抱怨该宣言没有体现足够的媒介自由，南方、东方国家抱怨该宣言过于纵容媒介报道自由。这份宣言能够得到一致通过的关键原因是它在措辞上的模棱两可。[②] 但是，"模棱两可"这个诊断也是从当时语境下得出的结论。

从现在的角度来看，《联合国教科文组织大众媒介宣言》提倡尊重所有国家、民族和个人的权利和尊严，提倡媒介责任和媒介伦理，并且得到 146 个成员国的全票通过，已经是最为勇敢、进步的国际传播政策

---

① Golding P, Harris P. Beyond Cultural Imperialism：Globalization, communication & the New International Order［M］. Thousand Oaks：Sage Publications，1997：73.

② Golding P, Harris P. Beyond Cultural Imperialism：Globalization, communication & the New International Order［M］. Thousand Oaks：Sage Publications，1997：73.

文本之一。至少，它在关注媒介和传播的核心命题。

诺顿斯登总结道："除了隔离主义之外，其他所有问题至今依然存在。事实上，媒介中的种族主义和排外主义问题要比三十年前更加严重。种族和宗教仇视言论以及战争宣传不仅仍然体现在政治言论中，还作为当下世界活生生的现实，存在于战乱地区以及北方中心国家。"①

虽然《联合国教科文组织大众媒介宣言》没有被升级为法律文本，也没有被广泛引述，但是即便是它从文件故纸堆里渗透出来的一点儿光亮，已经足够让大量眼下被技术和商业逻辑霸占的国际传播文本黯然失色。假如这份宣言能够像《人权宣言》那样得到重视，那么2005年丹麦《于尔兰邮报》就无法打着言论自由的幌子刊登亵渎伊斯兰教先知的漫画，不会出现2012年《穆斯林的无知》这类极端主义的电影。

除了通过大众媒介宣言之外，联合国教科文组织第20次全体会议还通过了两个重要决议：4/9.1/3决议与4/9.4/2决议。

前一个决议进一步扩大了传播问题研究国际委员会（麦克布莱德委员会）在1976年被赋予的使命。在肯定了麦克布莱德委员会递交的中期报告之后，该决议要求该委员会16个成员在准备该报告最后文本时，提出具体的、实际的建议，以便建立一个更加公正、有效的世界信息秩序，这是联合国教科文组织在麦克布莱德委员会问题上的后续行动。

后一个4/9.4/2决议是能够给不结盟运动国家带来具体物质利益的决议。该决议要求联合国教科文组织总干事在这次全体会议之后，召集一次政府间会议，就发展传播的活动、需求以及计划，广泛征求意见。

通过在大众媒介宣言方面的让步，不结盟运动国家换来了美国物质援助的承诺。美国赴联合国教科文组织代表团团长莱因哈特（John Re-

---

① 卡拉·诺顿斯登. 世界信息与传播新秩序的教训［J］. 现代传播，2013（6）：64-68.

inhardt）在会前就呼吁开展切实行动，对美国认为合理的地区进行援助，具体包括职业培训、技术移植等。

这是美国在信息领域实施的"马歇尔计划"。4/9.4/2 决议就是这种物质承诺的体现。根据此决议，1980 年 4 月，政府间会议顺利召开，会议建议在联合国教科文组织 21 次全体会议上成立发展传播国际项目（International Program for the Development of Communication）。

（二）《麦克布莱德报告》

1980 年 9 月，联合国教科文组织第 21 次全体大会在贝尔格莱德召开。这次会议不仅按照上次全体会议的决议正式成立了发展传播国际项目，而且根据本次会议提交的《麦克布莱德报告》，进一步厘清了新秩序的具体含义，这体现在 4/19 决议的内容当中：

第一条　世界信息与传播新秩序可以建立在下列基础之上：

（1）消除当前局势下的传播不平衡与不平等。

（2）消除公共、私有垄断与过度集中造成的负面效果。

（3）消除对信息自由、平衡、广泛流通构成障碍的内部与外部因素。

（4）信息来源与渠道的多样化。

（5）媒介与信息自由。

（6）记者与媒介从业人员的自由以及与伴随这种自由的责任。

（7）发展中国家传播能力的提高。这些提高尤其要体现在设备、员工、基础设施方面，通过这些努力使其媒介适应自身传播需要。

（8）发达国家应该真诚地帮助发展中国家实现这些目标。

（9）尊重每个民族的文化身份，尊重每个国家向世界表达自身利益、观点以及社会文化价值观的权利。

　　（10）尊重所有民族在平等、正义、互利基础上参与国际信息流通的权利。

　　（11）尊重公众、各种族、社会群体，以及个人获取信息、参与传播过程的权利。

　　第二条　世界信息与传播新秩序应该建立在国际法基本原则之上，例如，联合国宪章的内容。

　　诺顿斯登观察到，尽管第一条列举概括了新秩序的基本诉求，但是由于使用了"可以"二字，条目中的内容表达的仅仅是可能性，因此是亲西方的立场。第二条使用了"应该"二字，认为国际信息流通应该尊重国家主权与多边协商，因此却是亲南方或东方立场。①

　　麦克布莱德委员会的构成完整地反映了当时的政治与意识形态。该委员会由 16 个成员组成。其中 6 个来自第一世界，2 个来自第二世界，8 个来自第三世界。这些成员的工作背景大都融合了政治家、记者、学者这三种身份。委员会最后递交了 16 贤人达成一致的报告。他们之间意见分歧分散地体现在该书的 36 条脚注上。如果某个成员对某个观点持有异议，就将自己的意见以脚注形式表达出来。分析这些意见——尤其是苏联代表洛谢夫（Sergei Losev）、加拿大代表齐默尔曼（Betty Zimmerman）以及美国代表埃布尔（Elie Abel）的意见——有助于理解各方的意识形态分歧。

　　委员会建议发展中国家借鉴发达国家的经验，建立社区电台，这种电台在 25 个欧美国家普遍存在。对于这一条建议，苏联代表洛谢夫提出异议，认为建立社区电台对于发展中国家来说没有任何实质意义，因为这些国家刚刚开始建立自身传播系统。他认为应该首先帮助发展中国

---

　　① Nordenstreng K, Vincent C. Towards Equity in Global Communication: Macbride Update [M]. New York: Hampton Press, 1999: 251.

家建立一个国家电台，然后向公民配送收音机。① 洛谢夫的意见更符合发展中国家的真实需求。但是，必须同时注意到，虽然洛谢夫的意见更加实事求是，但是洛谢夫在报告的其他部分却在为政府控制媒介甚至审查制辩护，这带着明显的苏联意识形态烙印。例如，当委员会建议应该强烈谴责信息审查、控制行为时，洛谢夫却认为这个问题应该置于国家主权的框架下思考与解决。②

委员会担心，市场机制下的媒介在设计节目时总是尽可能地最大限度地吸引受众，这会导致节目质量的降低。对于这个观点，加拿大代表齐默尔曼表示质疑。她认为委员会的观点打击面太大，以偏概全。她指出，公共广播电视中的很多节目是为一些少数群体服务的。③ 齐默尔曼在十年后显然会更加认同委员会对节目质量表达的担忧，因为进入 20 世纪 90 年代，公共广播电视就受到了市场的围攻，丧失了大部分领地。

在报告的另一个地方，委员会担心大众媒介在散布恐惧与暴力方面的后果，因此建议媒介的魔力应该被用于相反的方向——构筑和平与共识。"如果媒介有能力去散布恐惧，为什么他们不可以利用这种能力去将人们从恐惧与猜忌当中解放出来，坚决反对各种暴力与战争行为，反对国际关系当中诉诸武力的行为？"对于委员会的这种诉求，齐默尔曼提出了质疑。她拒绝从"利用媒介干什么"的角度思考问题，认为"利用"一词违背了媒介自由的理念。④

---

① MacBride S. Many Voices, One World: Towards a New More Just and More Efficient World Information and Communication Order [M]. Paris: UNESCO, 1980: 88.

② MacBride S. Many Voices, One World: Towards a New More Just and More Efficient World Information and Communication Order [M]. Paris: UNESCO, 1980: 266.

③ MacBride S. Many Voices, One World: Towards a New More Just and More Efficient World Information and Communication Order [M]. Paris: UNESCO, 1980: 153.

④ MacBride S. Many Voices, One World: Towards a New More Just and More Efficient World Information and Communication Order [M]. Paris: UNESCO, 1980: 177.

齐默尔曼的这种观点暗含了一种逻辑，即市场条件下的媒介在本质上是自由的，不受任何外力的摆布与利用。齐默尔曼的这种天真观点在20世纪七八十年代乃至当今的一些西方学者当中很具有代表性。那时还缺乏对媒介自由的普遍反思，认为市场条件下的媒介自由代表了真正的媒介自由。

《麦克布莱德报告》成为国际传播史上的里程碑。该报告并非在出版之后就马上变成了里程碑，而是在新秩序运动失败之后才达到这个高度。从学术意义上来讲，这个报告总结了新秩序运动之前以及之中的国际传播研究成果；从政治意义上来讲，它是跨越意识形态、经济体制之后达成的共识。没有人能够否认该报告体现的"求同存异"精神以及"集大成"特点。新秩序失败之后的许多学术辩论均以这段文本命名。

传播批判学者通过参与新秩序运动的政治辩论得出一个沉痛教训：要尽可能广泛地深入草根力量，要最大限度地独立于政治力量。一方面，传播批判学者发现，虽然他们对发展中国家寄予厚望，但是这些国家当中的精英阶级对于增进本国民主并不感兴趣，精英阶级似乎更想控制媒介，而非解放媒介。另一方面，从20世纪80年代中后期到90年代，市场意识形态充分释放出来，进一步增加了实现传播民主化的障碍。非政府组织成为这些传播批判学者最心仪的合作对象。从1989年到1999年每年召开一次的麦克布莱德圆桌会议维持了对新秩序的讨论。

（三）发展传播国际项目

发展传播国际项目也值得简要论述。这个项目是一件返祖产品，西方国家成功地用狸猫换了太子，传播结构问题再次被置换成一个技术援助问题，这是西方国家为了捍卫核心利益而做出的一种点缀性的补偿。早在20世纪60年代，技术援助作为一种发展理论已经被证实存在缺陷，一些发展中国家意识到，这种方式甚至加重了针对发达国家的依附性。

　　在国际传播政策的辩论中，技术援助成为西方国家转移发展中国家注意力的标准化操作。一旦发展中国家对于国际传播方面根本的、结构性问题提出了质疑，西方国家就"伸出技术援助之手"，诱使发展中国家放弃这方面的要求。

　　到了21世纪之初的信息社会世界峰会，数字团结基金项目简直就是发展传播国际项目的翻版。但是，由于新兴国家的崛起，美国已经无法像在新秩序辩论中那样用技术援助来维持自己在互联网治理方面的核心利益，只有将互联网争议进行无限地上纲上线。

　　回到发展传播国际项目中来，尽管它只是一个技术援助项目，但在实际操作中，由于联合国教科文组织本身并未沦落为技术和商业力量的俘虏，故而这个项目仍然取得了一定的成果。自该项目1980年成立迄今，一共募集了上亿美元的资金支持在140多个发展中国家中展开的1500多个项目。

　　2010年到2012年的出资国包括安道尔共和国、印度、瑞典、比利时、以色列、瑞士、丹麦、荷兰、美国、芬兰、挪威、法国以及西班牙13个国家。发展传播国际项目甚至资助了中国传媒大学检测"媒介的性别敏感指数"，并在2012年启动了"提高中国大众媒介性别意识"项目。

四、1984年：国际信息新秩序的失败

　　1981年是新秩序命运的转折点。保守主义在美国与英国抬头。美国里根政府在这一年上台，一反前任卡特政府在信息问题上的合作策略，开始全面反扑。世界媒介自由委员会在法国特里艾召开会议，吸引了主要由西方国家构成的21个国家参加。这次会议通过了《特里艾宣言》。这个宣言表明了西方国家在新秩序问题上的强硬立场。

　　赖特（Rosemary Righter）认为："在过去十年里，西方国家在这场

漫长的冲突中一直处于被动的地位，直到这次会议，西方政府才扭转了局面，在反对政府干涉媒介方面找到了统一立场。"① 诺顿斯登分析了这个宣言的结论，指出其中的荒诞与虚伪。针对该宣言认为"媒介自由是一项基本人权"，诺顿斯登反驳认为，个人才是国际法的主体，才是言论自由的所有者，这种自由被赋予个人，而非《特里艾宣言》中所称的媒介。

诺顿斯登还认为，言论自由这个基本人权还包括责任的一面，行使这种自由不能违背国际社会的关键利益，尤其不能违背捍卫和平的责任。② 诺顿斯登总结道：

> 西方国家发起的抵制新秩序的运动是典型的奥威尔式的虚张声势：它们污蔑新秩序限制媒介自由，而事实上，新秩序的初衷却是要在全球范围内促进信息平衡流通，增加言论多样性，旨在通过这种方式促进信息自由。对于新秩序的倡导者来说，新秩序是一种外交工具，第三世界的独裁者们并不需要以此为借口来压制媒介。私有媒介力量发起了抵制新秩序的运动，是为维护自身意识形态做出的强词夺理，这场抵制新秩序的运动之所以能够兴风作浪，是因为它借助了背后强大的势力。从这个意义上讲，我们有理由将这场抵制运动称为"弥天大谎"。③

特里艾会议是进一步政治行动的前奏。美国副总统布什要求联合国

---

① Nordenstreng K, Vincent C. Towards Equity in Global Communication：Macbride Update [M]. New York：Hampton Press, 1999：255.

② Nordenstreng K, Vincent C. Towards Equity in Global Communication：Macbride Update [M]. New York：Hampton Press, 1999：256.

③ 卡拉·诺顿斯登. 世界信息与传播新秩序的教训 [J]. 现代传播, 2013 (6)：64-68.

教科文组织停止干涉媒介自由的行为；助理国务卿阿布莱姆建议联合国教科文组织进口《美国宪法第一修正案》来解决世界传播问题。

到了联合国教科文组织 1983 年第 22 次会议，新秩序运动陷入困境，这表现在三方面："（1）发展传播国际项目陷入缺乏资金的境地；（2）原先利用新秩序圆桌会议长期讨论信息问题的计划泡汤；（3）联合国教科文组织不再考虑撰写与颁布一份专门针对新秩序的宣言。"①

这说明，在西方保守势力的咄咄紧逼下，不结盟运动国家以及联合国教科文组织开始低调处理新秩序问题。从这次会议来看，东、西、南三方在信息方面的战斗硝烟看起来马上就要散去，新秩序运动的冲突朝着西方立场靠近。尽管如此，美国里根政府并不就此罢手，而是旧账新算，以新秩序为借口，在 1984 年退出联合国教科文组织。这标志着新秩序运动走向彻底失败。

经过一年的观望，美国在 1984 年正式退出联合国教科文组织。美国对联合国教科文组织的官方指控主要集中在一封通知书、一个备忘录以及美国国务院发言人言论中。

1983 年 12 月 28 日，美国国务卿舒尔茨（George Shultz）知会联合国教科文组织总干事，指责联合国教科文组织内"政策、意识形态重心、财政与管理方面的发展趋势正在破坏该组织的有效性"。②

1983 年 12 月 30 日，美国国务院发言人龙伯格（Alan Romberg）在发言中指出："联合国教科文组织在几乎所有项目上都过度政治化，敌视诸如市场自由、媒介自由等自由社会的基本原则，以及在财政预算方

① Gerbner G，Mowlana H，Nordenstreng K. The Global Media Debate：Its Rise，Fall，and Renewal［M］. New York：Ablex Publishing Corporation，1993：17.
② 1983 年 12 月 28 日，美国国务院信函。

面无节制地扩张。"①

1984 年 2 月 9 日，美国国务院通信政策顾问哈雷（William Harley）在一份备忘录中认为，联合国教科文组织需要改正"项目导向、政治化、预算增长以及管理方面"的缺点。②

总的来说，美国对联合国教科文组织的这些官方指控可以概括为四方面：（1）管理失当，（2）威胁媒介自由，（3）预算增长，（4）过度政治化。所有这些指控都是空穴来风的"莫须有"罪名。

就第一个罪名来说，即便联合国教科文组织内部存在管理方面的失当，那么这种失当也要由西方来承担责任。联合国教科文组织秘书处的中高职员当中有 44% 来自西欧与北美，而该组织传播部门则仅有一名来自苏联的员工。③

就第二个罪名来说，跟美国观点完全相反，世界上绝大多数记者支持联合国教科文组织在媒介自由方面的政策。五大非政府记者组织领袖（代表世界四万记者）发表联合声明，支持联合国在促进记者之间交流、反对政府干涉媒介方面做出的努力。④

第三个罪名也不成立，联合国教科文组织总干事指出，该组织 1984—1985 年计划中预算比上一年削减了五千六百万美元。⑤

相比之下，在与联合国教科文组织相平行的国际组织当中，国际劳工组织（International Labor Organization）、世界卫生组织（World Health

---

① Bernard Gwertzman：U. S. IS QUITTING UNESCO, AFFIRMS BACKING FOR U. N. [EB/OL]. the New York Times，1983-12-30.

② 1984 年 2 月 9 日，美国国务院备忘录。

③ NORDENSTRENG K. Responses to the decision by Kaarle Nordenstreng［J］. Journal of Communication，1984，34.

④ NORDENSTRENG K. Responses to the decision by Kaarle Nordenstreng［J］. Journal of Communication，1984，34.

⑤ 1984 年 1 月 18 日，联合国教科文组织 DG/1533 文件。

Organization）以及粮农组织（Food and Agricultural Organization）的预算分别增长了4%、12%以及15%。[1] 因此，联合国教科文组织的财政预算实际上正在缩水。新预算数额甚至低于许多美国大学的预算[2]，或建造一艘潜艇的成本费用[3]。因此，美国这方面的指控是无中生有。

第四个罪名似乎难以澄清，因为无法定义"政治化"这个概念。美国这种指控实际上是一种双重标准的典型体现。在美国眼中，阿拉伯国家要求在《大众媒介宣言》中引用反对犹太种族主义条款是政治化的表现，而美国坚持在发展传播国际项目有关文件当中插入对韩国坠机事件的谴责却并不是政治化的表现，更认为其多年以来利用联合国教科文组织推广于己有利的项目不是政治化的表现。

那么导致美国退出联合国教科文组织的真正原因是什么？分析《传播杂志》1984年秋季专刊发表的文章，可以得到一个令人信服的答案。在这期专刊的封面图片中，联合国教科文组织（UNESCO）当中"U"与"S"两个字母落了下来，象征美国退出该组织。该刊物发出40份信函，就美国退出联合国教科文组织的决定，邀请"在此方面持有不同观点的机构、公共人物、学者发表意见，并尽量照顾到支持者与反对者的平衡"。[4] 这样产生了来自13个国家的16篇文章。

在这些文章当中，有10篇反对美国退出联合国教科文组织，6篇支持该决定。

在10个反对者当中，虽然使用的词汇多种多样，但是传达的意思

① MARTELANC T. Responses to the decision by Tomo Martelanc [J]. Journal of Communication, 1984, 34.
② MARTELANC T. Responses to the decision by Tomo Martelanc [J]. Journal of Communication, 1984, 34.
③ SCHILLER H. Responses to the decision by Herbert I. Schiller [J]. Journal of Communication, 1984, 34.
④ SCHULTZ G P. World Forum: The U. S. Decision to Withdraw from UNESCO [J]. Journal of Communication, 1984, 34.

非常一致。即认为美国退出联合国教科文组织是出于对多边主义的敌视。这些解释包括但不限于：美国拒绝"一国一票原则"①，无法容忍"多极世界"②，设法"削弱多边组织的影响"或"攻击多边主义原则"③，规避"多边决策的风险"④，维护"美国超级地位"⑤，打造"霸权"⑥，反对"整个联合国体系与总体多边主义"⑦，破坏"大多数原则"⑧。

甚至萨斯曼（Leonard Sussman）这个美国退出联合国教科文组织的支持者也认为，"美国是在利用这个决定来改变联合国体系，或者从这个体系中退出"。⑨ 其他5个支持者当中大都认为美国退出该组织是因为新秩序构成了对媒介自由的威胁，但他们却没有找出任何具体的证据。因此，美国退出联合国教科文组织的原因是敲山震虎，警告其他国家尊重美国霸权，放弃多边主义民主原则。

那么在涉及美国的36个国际组织当中，美国为什么选择联合国教

---

① NORDENSTRENG K. Responses to the decision by Kaarle Nordenstreng [J]. Journal of Communication, 1984, 34.

② MATTELART A. Responses to the decision by Armand Mattelart [J]. Journal of Communication, 1984, 34.

③ REINECKE I. Responses to the decision by Ian Reinecke [J]. Journal of Communication, 1984, 34.

④ Hamelink C. Responses to the decision by Cees J. Hamelink [J]. Journal of Communication, 1984, 34.

⑤ MANET E G. Responses to the decision by Enrique González Manet [J]. Journal of Communication, 1984, 34.

⑥ MATTA F R. Responses to the decision by Fernando Reyes Matta [J]. Journal of Communication, 1984, 34.

⑦ SCHILLER H. Responses to the decision by Herbert I. Schiller [J]. Journal of Communication, 1984, 34.

⑧ TERRART. Responses to the decision by Toby Terrar [J]. Journal of Communication, 1984, 34.

⑨ SUSSMAN L. Responses to the decision by Leonard R. Sussman [J]. Journal of Communication, 1984, 34.

科文组织来达到这种警告目的？原因主要有两个。

其一，新秩序确实对美国坚持的市场媒介自由构成了威胁。在新秩序辩论中，一个关键辩论主题就是掌握在市场手中的媒介是否拥有真正的媒介自由。许多人仍然倾向于认为这可以代表真正的媒介自由。例如，在美国的拥护者当中，塔柘林（Roger Tatarian）觉得在发展传播当中不应过度强调政府的作用;① 斯莫尔（William J. Small）认为自由市场中的媒介能够为人民服务。② 新秩序这场媒介改革运动要求增强新闻业的责任意识，的确对这种市场媒介自由原则构成了挑战。

其二，美国媒介对联合国教科文组织及其在传播领域的活动进行了长期负面报道。这种负面媒介议程转移到美国公共舆论当中，奠定了美国退出联合国教科文组织的民意基础。讽刺的是，造成这种负面报道的原因也正是不结盟运动国家发起新秩序运动的原因。由于这两方面的原因，联合国教科文组织以及新秩序运动成为美国的眼中钉、肉中刺。

这里还需要考虑一个时间因素，美国为什么不在1976年——即基辛格第一次发出警告的时候——退出联合国教科文组织，而是拖到1984年？实际上，到了1983年，新秩序运动中要求西方媒介承担责任的诉求已经基本上平息，西方国家已经基本上取得胜利，以物质援助的承诺换得发展中国家在此方面的让步。西方市场条件下的媒介自由原则毫发未损。如萨斯曼指出，西方在联合国教科文组织内的胜利是在1976年到1983年取得的，并非是在1984年到1985年。③

这里的原因主要是20世纪80年代的政局变化与技术发展，这引发

---

① TATARIAN R. Responses to the decision by Roger Tatarian [J]. Journal of Communication, 1984, 34.

② SMALL W J. Responses to the decision by William J. Small [J]. Journal of Communication, 1984, 34.

③ Galtung J, Vincent R C. Global Glasnost: Toward a New World Information and Communication Order? [M]. New York: Hampton Press, 1992: 95.

了去规制化、私有化、商业化的浪潮。在分析美国信息政策时,席勒注意到里根时代的两个重要趋势。第一,跨国公司越来越多地使用与依赖新传播技术。第二,业界要求去规制化的条件已经趋于成熟。

席勒认为,这两个趋势为美国攻击联合国教科文组织奠定了基础。在70年代,美国仍然觉得有必要跟其他国家在一些国际组织中进行周旋以维护其游戏规则,但是到了80年代,新传播技术进步将跨国公司武装起来,使它们能够绕过国际组织,有效地进行跨国经营。

这些新趋势却并没有引起发展中国家的充分关注,联合国教科文组织过多地沉迷于教育与文化项目,没有感觉到这些技术方面的新脉冲。这些因素使得美国能够绕过于己不利的国际平台,\创建在决策与投票方面于己有利的平台。①

在总结新秩序运动的教训时,诺顿斯登指出了地缘政治因素对国际信息新秩序辩论的影响,认为权力设定了辩论的规则,而非理性。由此,他得出如下教训:

> 无论你列举的事实是多么让人印象深刻,无论你的观点是多么具有说服力,除非你的背后有重要的势力支持,同时也有重要的势力反对,否则你无法在全球辩论当中获得关注。新秩序在20世纪70年代之所以兴起壮大,源自第二世界和第三世界社会主义国家和发展中国家的共同支持,以及对第一世界西方国家的声讨。同理,新秩序在20世纪90年代之所以走向衰落,也是因为第二世界和第三世界之间的纽带发生断裂,东方社会主义国家和南方发展中

---

① Preston Jr. W, Herman S, Schiller H. Hope & Folly: The United States and UNESCO 1949—1985 [M]. Minneapolis: University of Minnesota Press, 1989: 307.

国家之间的天然同盟关系分崩离析。①

这说明一条原理：只有道义、民主的追求还不够，国家实力才是第一要素，科学技术作为第一生产力也应是弱小国家和进步学者的关注重点。中国便是这条原理的践行者，从 20 世纪 70 年代末到 80 年代初，中国励精图治，忍辱负重，奉行以经济建设为中心的基本国策，一心埋头做事。

在这个时间段，中国既保持了与世界主导国家美国的友好关系，也没有放弃对南方国家的同情立场。及至到了 20 世纪 90 年代末、21 世纪初，中外传播学者在哀悼、反思国际经济新秩序与国际信息新秩序时，意外地发现：中国已经从第三世界的阵营中脱颖而出，在经济层面已经能够跟西方国家并驾齐驱，实现了国际经济新秩序所能梦想的所有目标。

虽然如此，中国实现国际信息新秩序的目标尚任重道远，但已并非可望而不可即的梦想。挪威学者加尔通（Johan Galtung）将此总结为日本经济模式（雁阵模式）与中国文化模式（儒家—佛教）的异军突起，并认为如果中国大陆和中国台湾、朝鲜半岛的韩国和朝鲜能够完成各自的统一，那么这个地区的经济/文化潜力更将不可限量。②

但是，以短期来看，面对国际主导力量的干涉，这个经济、文化方面具有高度同质性的东亚地区的各方合作一直停滞不前。加诸中国经济规模早已上升到世界第二，韬光养晦战略的环境和条件已发生变化，况且信息问题借助互联网的普及已经涉及社会生活的方方面面，中国在这个领域所面临的挑战空前增多，且喜忧参半。

---

① 卡拉·诺顿斯登. 世界信息与传播新秩序的教训［J］. 现代传播，2013（6）：64-68.

② Galtung J, Vincent R C. Global Glasnost: Toward a New World Information and Communication Order?［M］. New York: Hampton Press, 1992: 95.

第二章

信息社会世界峰会及其成果解读

一、互联网治理：信息社会世界峰会的核心议题

世界峰会（world summit）是联合国为了讨论环境、人权、食品等全球问题而召开的一次性会议。通过几年的会前准备，世界各地的决策者一起合作，在一些需要人类共同面对的难题上，寻求共识与解决方法。自从 1992 年地球峰会以来，到 2003/2005 年的信息社会世界峰会，联合国几乎平均每年都召开一次世界峰会。具体包括里约热内卢地球峰会（1992 年）、维也纳人权峰会（1993 年）、北京妇女峰会（1995 年）等。

信息社会世界峰会萌芽于 1998 年。这一年，国际电讯联盟提议在联合国体系内召开这次峰会。2001 年 12 月，经联合国大会正式批准，信息社会世界峰会分两期分别在日内瓦与突尼斯召开。

两期峰会均面向未来关注信息社会建设，涉及言论自由、知识产权、数字鸿沟、互联网治理等多个核心议题，但最具争议的议题是互联网治理。美国在 1998 年成立互联网名称、数字及地址分配机构（ICANN），垄断域名系统、根服务器等互联网核心资源的治理。信息社会世界峰会上，各国主要争议演化为挑战美国在互联网治理领域的技术垄断，形成了世界各国共同挑战美国的局面。

本章主要以互联网治理为例，描述中国、美国、欧盟、俄罗斯在这

方面的谈判以及民间团体在此过程中扮演的外围突破角色。

（一）信息社会世界峰会背景

从具体辩论层面来讲，互联网治理问题是信息社会世界峰会上最具争议的问题。互联网对于信息社会的意义被比拟为工业时代的电力。像无所不在的电网一样，互联网构成了一个覆盖一切的信息输送系统，构成了信息时代的结构基础。然而，跟别的输送系统不同，互联网具有去中心化的特征，其创造的空间突破了传统意义上的地理国界。

互联网的核心资源由根服务器（root server）、域名（domain names）、IP 地址（IP addresses）三部分组成。由于 IP 地址是一系列的数字，互联网创始人帕斯特（Jon Postel）将这些数字翻译成与之相对应的域名系统。域名系统符合实际生活中的姓名构成。比如说，在"乔治·布什"（George Bush）这个姓名中，布什代表着姓，乔治代表着名。

互联网的域名遵从了同样的格式。在 www.tvs.cuc.edu.cn 这个网址中，tvs 表示"电视学院"（Television School），cuc 表示"中国传媒大学"（Communication University of China），属于名字部分，edu 与 cn 分别表示"教育"（education）与"中国"（China），属于姓氏部分。

这些名字的注册需要上一级的同意。例如，电视学院这一层级的注册需要中国传媒大学来批准；中国传媒大学这一层级需要教育部门的批准；以此推之，中国这一级名字则需要由一个位于美国加州的民间机构 ICANN 来协调。实际上，edu 与 cn 均属于"顶级域"。也就是说，edu 既可以与 cn 形成隶属关系，也可以形成并列关系。edu、com、org 叫作"通用顶级域"（gTLDs）；cn、uk、fi 叫作"国家和地区顶级域"（ccTLDs）。这些名字被翻译成 IP 地址，即数字，跟各种层次的服务器连接在一起，世界各地的电脑由此实现了互通互联。

在 2003 年与 2005 年举行的信息社会世界峰会上，各国主要在下面两个互联网治理问题上存在争议：（1）互联网建设（推广为信息社会建设）应该由政府主导还是市场主导？（2）是否应该继续由隶属于美国商务部的 ICANN 进行互联网顶级域名管理？在 ICANN 之前，互联网域名管理主要由美国南加州大学计算机科学家帕斯特一人承担。

帕斯特是互联网创始人之一，在此领域广受尊敬。帕斯特在 1998 年去世后，美国克林顿政府将管理责任转交到 ICANN。ICANN 的职责主要包括从技术方面保证互联网的全球连接，执行并监督跟 IP 地址有关的协调功能，执行并监督跟互联网域名系统有关的协调功能，等等。

当时，ICANN 管理核心主要由 15 个具有投票权的委员组成。其中，6 个委员代表互联网服务提供商与技术界，8 个委员通过提名委员会的全球提名选出，ICANN 的主管充当第 15 名委员。

ICANN 邀请广大互联网用户组成"在野咨询委员会"，邀请各国政府组成"政府咨询委员会"。但是由于 ICANN 与美国政府之间扯不断理还乱的关系，其政策饱受争议。国际社会对帕斯特一个人的信任无法转移到 ICANN。

按照当时的规则，如果欧盟各国首脑要求建立 eu（European Union，欧盟）这个顶级域，他们需向美国机构 ICANN 递交申请，理论上暗含着经由美国商务部长批准方能成功的意思。这虽然在技术上几乎不存在任何问题，但是一个美国的小官僚居然能凌驾于欧盟首脑之上，这在政治上带有不平等的含义。

当信息社会世界峰会第一次筹备会议在 2002 年召开时，不少国家希望挑战 ICANN 这个美国私有机构的管理权，有些甚至主张将互联网的管理权纳入联合国体系。中国主张由政府主导互联网治理（延伸至信息社会建设）。与此相反，美国与欧盟主张由市场主导互联网治理。

参加信息社会世界峰会的市场力量当然赞同欧美政府主张。民间团体既不赞同欧美的市场主导模式（private sector leadership），也不认可中国主张的政府主导模式（governmental leadership），而更认可一种真正的"多利益相关方模式"（multistakeholder approach）。

一方面，民间团体认为 ICANN 过于依赖美国政府，并且在扩大"在野"互联网用户权力方面无所作为；另一方面，民间团体也不主张某个国际政府机制接管互联网。他们支持的"多利益相关方模式"是一种融合政府、市场、民间团体的新型三权分立模式。

（二）信息社会世界峰会：日内瓦峰会

2003 年 12 月，信息社会世界峰会第一期会议在日内瓦召开。175 个国家、481 个民间团体以及 98 家公司参加了这一期峰会。

日内瓦峰会回避了互联网治理这根最难啃的骨头，决定将此问题推迟到 2005 年 12 月突尼斯峰会上解决。但是，日内瓦峰会要求联合国秘书长科菲·安南成立互联网治理工作组（Working Group on Internet Governance），界定与互联网治理有关的公共政策问题，厘清各利益相关者在这方面的作用与责任。

互联网治理工作组共有 40 个成员，由安南指定，分别代表政府、市场、民间团体以及技术界、学界。2005 年 7 月，互联网治理工作组提交了最终研究报告。该报告提出互联网治理的定义，即"各国政府、市场、民间团体各尽其责，开发并使用一致的原则、规范、规则、决策程序以及项目，促进互联网的进步与使用"。[①]

互联网治理工作组界定了 18 项跟互联网公共政策有关的主题：根区文件与系统、互联成本、互联网稳定性、安全与电子犯罪、垃圾邮件、域名分配、知识产权权利、言论自由、数据保护与隐私权利、消费者权利以及电子商务等。同时，互联网治理工作组发现，要认清跟互联

① KLEINWÄCHTER W. WSIS and Internet Governance：the Struggle over the Core Resources of the Internet ［J］. Communications law（Haywards Heath），2006，11（1）.

网有关的公共政策问题，需要成立一个涉及多利益相关方的全球论坛，因此提议成立互联网治理论坛（Internet Governance Forum）。

克莱恩沃彻特（Wolfgang Kleinwächter）是互联网治理工作组成员之一。他敏锐地观察到，在互联网监管方面，工作组内部成员之间存在较大的分歧。一些成员主张维持"现状"，即继续维护 ICANN 与美国政府的关系；一些成员主张"现状+"，即发挥所有政府的作用，成立政府间互联网治理局；一些成员主张"现状++"，即成立一个类似联合国的政府间互联网治理机构；还有一些成员主张"现状-"，即不提倡任何政府的作用，美国与其他政府均不应干涉互联网路由系统。到了2016 年，"现状-"模式最终胜出，本书另一个章节记述了这一段历史。

美国在维护互联网治理权方面态度强硬。美国并没有派代表参加互联网治理工作组。这是一种进退自如的圆滑策略，为自己采取强硬立场保留余地。

2005 年 6 月 30 日，在互联网治理工作组报告发表前两周，美国提前公布自己的四点立场：（1）美国将维护自己在保护互联网安全性与稳定性方面的特殊作用；（2）美国承认各国政府在国家级域名空间中的合法利益；（3）美国认为 ICANN 是对互联网核心资源进行技术管理的主要机构；（4）美国支持在互联网治理方面继续开展对话。

第一点与第三点表明美国绝不在 ICANN 管理权方面做任何让步；第二点交代了美国打算讨价还价的空间，表明美国准备将国家顶级域名拿出来作为交易的筹码。第四点一方面缓和了强硬的语气，另一方面提高了措辞的开放性。克莱恩沃彻特认为，美国在公布自己立场之前可能已经跟其主要对手中国事先交换了意见，第二点是中美讨价还价的结果：美国在一定程度上尊重中国提倡的互联网治理的国家主权；中国暂时放弃对 ICANN 互联网治理权的挑战。①

　　但在此时，欧盟仍然被蒙在鼓里，仍然认为中美之间在 2003 年日内瓦峰会上的矛盾没有调和。欧盟打算积累自己的政治筹码，充当中美之间的调解人。2005 年 9 月，在针对突尼斯峰会而召开的第三次预备会议上，欧盟提出新合作模式。这种合作模式也可以称作"公共—私有合作模式"，即政府负责指定互联网治理的总体原则，市场负责互联网的日常运作。

　　一方面，欧盟试图利用这个原则弥合政府领导权与市场领导权之间的对立，解决中美矛盾；另一方面，这种公私合作模式也确实符合欧洲的政治经济图景。在这次预备会议之前，美国本以为已经扫清了维护自身管理地位的障碍，欧盟的提议完全出乎美国预料。美国认为，欧盟的提议有可能导致某个国际政府间机构的诞生，取代 ICANN 对互联网进行管理，因为所谓公共原则与日常管理之间的界限很模糊，并不容易划清。

　　2005 年 10 月，欧盟委员会主席巴罗索（Jose Manuel Barroso）访美时，美国总统布什表示对此问题的关切。同时，美国国务卿赖斯（Condoleeza Rice）与美国商务部长古铁雷斯（Carlos M Gutierrez）联名向欧盟时任轮值主席英国外交部部长斯特劳（Jack Straw）写信，希望欧盟撤销此项提议：

　　　　互联网运行环境不需要某个政府间机构的控制，只有在这种环境下，互联网才能成长为一种真正成熟的媒介，才能促进全球经济扩张与发展……互联网当前在全球运作良好……官僚式监管毫无必要。我们对欧盟最近在互联网治理方面的立场（"新合作模式"）

---

① 引自笔者对 Wolfgang Kleinwächter 的访谈，2006 年 2 月 21 日，芬兰坦佩雷大学。

感到遗憾……①

　　（三）信息社会世界峰会：突尼斯峰会

　　2005 年 12 月，信息社会世界峰会第二期峰会在突尼斯召开。174 个国家、606 个民间团体以及 226 家公司参加了这一期峰会。

　　欧盟与美国之间在互联网治理原则上的分歧并没有弥合，但是政治家们总有解决问题的方法。他们通过模棱两可的外交辞令来掩盖这些分歧。

　　在突尼斯峰会上，各国政府通过《信息社会突尼斯议程》，其中共有 52 个段落涉及互联网治理，主要提出了下列互联网治理的原则：（1）互联网的稳定性、安全性、连续性；（2）多利益相关方；（3）开放性与透明性；（4）所有政府拥有平等权利；（5）互不干涉各国域名空间。同时，突尼斯峰会接受互联网治理工作组的建议，要求成立互联网治理论坛，并要求联合国秘书长加强各个相关机构之间的协调。

　　显然，第一条与第四条之间存在明显的矛盾之处。第一条表示维护互联网治理的稳定性与连续性，就是表示继续维持现状，即继续由美国机构 ICANN 对互联网进行管理。也就是说，美国继续垄断互联网治理。而在这种情况下，各国政府就不可能拥有平等权利。产生这种自相矛盾的措辞，是为了照顾到各方的政治经济利益，给所有利益相关方宣布"胜利"的机会。

　　克莱恩沃彻特总结了各方的"胜利"。政治上，美国 ICANN 在互联网治理方面的地位得到承认，中国得到了互联网治理方面的国家主权，欧盟通过一系列协调活动确立了自己的发言权，一些发展中国家也得到

---

① Kieren McCarthy: Read the letter that won the internet governance battle [EB/OL]. The Register，2005-12-02.

了表达自己意见的机会。市场方面，各大公司也松了一口气，他们担心的政府间互联网治理机构没有成立。

民间团体方面，多利益相关方原则符合民间团体的诉求，各个非政府组织实现了外围突破，为进入决策程序奠定了基础。互联网治理论坛也是一种妥协机制。各国从自己的角度来解释设置这个论坛的含义。发展中国家幻想将此发展成为一种决策机制，未来他们可以继续通过这个论坛商讨互联网治理的根本问题以及 ICANN 的地位。美国将此理解为一种缺乏实际权力的虚设机制，符合美国事先提出的四点原则。

在这个时候，许多学者对互联网治理还抱有理想主义的看法，认为对于互联网治理机构而言，不管是设在哪个国家，还是设在某个国际机构之下，象征意义总是大于实质意义。有人较为天真地认为关于 ICANN 互联网治理权的争论与 19 世纪末期关于本初子午线起点的争论相似。

19 世纪中期，随着航海业的发达，世界各地的商业活动越来越需要统一的时间。欧美的电报、铁路业务也要求设置一个统一的时间参照标准，以防止时间安排的混乱。从技术层面来讲，时间的起点即本初子午线可以设在任何地方。但本初子午线的选址却遇到了空前的阻力。候选地址包括巴黎天文台、英国格林尼治天文台、埃及大金字塔、耶路撒冷庙、意大利罗马城以及白令海峡等几个偏于"中性"的地点。

每个国家都有具有文化意义的标志，都认为自己比别国更有文化。没有人推荐中国的任何地方，但是显然，中国人曾经将故宫的中轴线认作时间的起点。因此，本初子午线的争夺成为政治、经济实力的对抗。两个殖民大国英国与法国之间为了争夺这个象征性标志吵得不可开交，最后英国胜出。1884 年 10 月，国际通信标准会议将通过英国伦敦格林尼治天文台原址的那条经线定为本初子午线。①

不少人认为在 21 世纪初信息社会世界峰会上关于互联网治理的争论与关于本初子午线的辩论异曲同工，直到 2013 年斯诺登泄密事件，以及特朗普执政期间不断将互联网治理问题意识形态化，才让人意识到这种类比并不妥当。

二、信息社会世界峰会的关键文本解读

在 1976—1984 年国际信息新秩序运动中，《大众媒介宣言》和《麦克布莱德报告》是其关键文本。到了信息社会世界峰会，日内瓦《原则宣言》、日内瓦《行动计划》《民间团体致信息社会世界峰会的宣言》等文件构成了其关键文本。这些文本试图重新解读《联合国宪章》《世界人权宣言》《世界知识产权组织版权条约》等旧法在网络空间的适用性。本部分以"主权和人权""言论自由和责任""知识产权体制改革"以及"多边和多方"这四个主题为主要线索，分析了上述文本出台的过程、内容以及后续的影响。

（一）主权和人权之辩：《联合国宪章》和《世界人权宣言》

《联合国宪章》和《世界人权宣言》都是典型的国际法律文本。对于互联网治理来说，这里的关键问题是：《联合国宪章》与《世界人权宣言》这两个文本哪个应该占据优先地位？网络空间治理原则/规范应该优先对待哪一个文本？（A）是该以国家为中心，优先强调《联合国宪章》之核心内容——各国主权平等？（B）还是该以个体为中心，强调《世界人权宣言》之普世价值观：人人皆有权？

在一个完全以弱肉强食为法则的语境中，选 A 还是选 B 本来看起

---

① PALMER A W. Negotiation and resistance in global networks: the 1884 International Meridian Conference [J]. Mass Communication and Society, 2002, 5 (1).

来并不重要。毕竟，《伊索寓言》中的狼要吃掉小羊，本可以毫不顾忌地扑上去，而不必说一些冠冕堂皇的话。不过，当前的国际关系的现实虽然是美国独霸，但却日益走向多极化，不管是传统战争，还是网络战，即便是霸道如美国，也经常要强调"师出有名"。

在这个背景下，选 A 还是选 B 便具有一些真正的意义。那么，网络空间应该使用"主权大于人权"的逻辑，还是反之？在这个主题上，"77 国集团+中国"（Group 77+China）跟美国、欧盟、民间团体组织的立场存在较大的差异。在互联网治理辩论中，中国经常强调 A，而后三者在外交辞令方面经常强调 B。

2003 年 12 月 12 日，日内瓦《原则宣言》获得参加信息社会世界峰会的各国各方的一致通过。宣言第 1 条就强调，未来所要建设的信息社会"以《联合国宪章》的宗旨和原则为前提，并完全尊重和维护《世界人权宣言》"。宣言第 18 条重申"任何部分均不得被理解为有损于、违背、限制或背离《联合国宪章》和《世界人权宣言》中的条款"。宣言第 6 条再次强调"坚持所有国家主权平等的原则"。

从日内瓦《原则宣言》第 1 条的表述方式来看，《联合国宪章》所占的地位要比《世界人权宣言》更重要一些。而在头一次正式登上世界舞台的民间团体眼中，这两个文本具有完全相同的地位，都是建设理想社会的前提。2003 年 12 月 8 日，民间团体在其宣言中指出，未来想要建设的理想社会要"以《联合国宪章》和《世界人权宣言》所揭示的原则为前提"。[①]

在美国的互联网治理外交立场上，一向利用言论自由来推广产业利益，《世界人权宣言》无疑被时刻挂在嘴上。美国虽然表示支持尊重《联合国宪章》，但是在后续关于互联网治理的国际谈判中，则将联合

---

① 建设人类需要的信息社会 ［EB/OL］. 2020-08-06，http：//www. itu. int/net/wsis/docs/geneva/civil-society-declaration-zh. pdf.

国视为最大的敌人，极力击杀任何可能造成联合国接管互联网治理的苗头，反对联合国或其下属国际组织在互联网治理方面发挥作用。

例如，美国极力反对国际电信联盟在互联网治理方面发挥任何作用，反对在新版《国际电信规则》收录任何关于互联网治理的内容。2012 年 12 月 3—14 日，国际电信联盟在阿联酋首都迪拜举办了国际电信世界大会。大会的议程是根据新形势修改国际电信规则，该规则上一次修改发生在 1988 年，2012 年的大会要根据新的社会和技术形势缔结新的条约，取代旧版《国际电信规则》。

美国辩解道："互联网已发展成为一种在单独环境中运行的网络，这种环境超出了《国际电信规则》和国际电信联盟的范围。""美国反对任何扩大《国际电信规则》范围、以便赋予相关方面权力对互联网内容进行检查和阻碍信息自由流动的努力和想法。"[1] 美国等 55 个国家（主要是欧美发达国家）支持这一立场。中国等 89 个国家（主要是南方发展中国家）主张加强联合国/国际组织在全球互联网治理方面的作用，并签署了新条约。

左翼学者丹·席勒（Dan Schiller）因此评论说，互联网领域的地缘政治被打破，对美国全球单边主义的政治挑战已经公开化。美国在这次会议上的互联网外交遭遇滑铁卢。《华尔街日报》评论员认为，这次会议是"美国在数字时代遭遇的首次大败仗"。

金砖国家巴西同样从人权的角度来看待全球互联网治理，并将《世界人权宣言》摆在了高于《联合国宪章》的位置上，但是巴西在互联网治理方面的这种外交立场跟美国存在较大差异。美国主张削弱其他国家的主权、提倡人权，一方面是为美国全球单边主义和干涉主义提供道义上的合法性，服务于美国军工复合体的利益；另一方面这有利于美

---

① http：//www. itu. int/en/wcit-12/Pages/documents. aspx

国产业界的全球扩张。跟美国不同，巴西提倡人权立场恰是为了抵制斯诺登所曝光的美国的全球监控。

2014 年 4 月 24 日，"互联网治理的未来——全球多利益相关方会议"（NetMundial）达成《NetMundial 多利益相关方声明》。巴西将"人权和共享价值观"作为全球互联网治理的第一原则。"《世界人权宣言》所界定的人权具有普遍适用性，应该作为互联网治理的基础。人们在线上也应该拥有跟线下同等的权利。"① 通过强调宣言中的隐私权，《多利益相关方声明》直接点名抵制美国的全球监控，并提倡发挥联合国人权理事会的作用。

跟民间团体、美国、巴西皆不同，中国将《联合国宪章》/主权原则当成全球互联网治理的第一原则来对待。2015 年 12 月 16 日，国家主席习近平在第二届世界互联网大会开幕式讲话中指出推进全球互联网治理体系变革所应该坚持的四大原则。第一原则就是尊重网络主权："《联合国宪章》确立的主权平等原则是当代国际关系的基本准则，覆盖国与国交往各个领域，其原则和精神也应该适用于网络空间。我们应该尊重各国自主选择网络发展道路、网络管理模式、互联网公共政策和平等参与国际网络空间治理的权利，不搞网络霸权，不干涉他国内政，不从事、纵容或支持危害他国国家安全的网络活动。"②

2015 年 12 月 18 日，这届大会发布的《乌镇倡议》提到了 2003 年的日内瓦《原则宣言》、2005 年的《突尼斯议程》《蒙得维的亚声明》以及联合国信息安全政府专家组报告，表示"期待国际社会在联合国宪章以及公认的国际准则和原则基础之上进一步深化互联网领域的合

---

① NETmundial Multistakeholder Statement［EB/OL］. 2014-04-24，http：//netmundial. br/wp-content/uploads/2014/04/NETmundial-Multistakeholder-Document. pdf.

② 习近平：习近平在第二届世界互联网大会开幕式上的讲话［EB/OL］. 新华网，2015-12-16.

作"，但对《世界人权宣言》只字不提。①

中国对《世界人权宣言》似乎抱有一种讳莫如深的态度。中国这种选择忽视《世界人权宣言》的做法跟美国选择忽视《联合国宪章》的做法同样让人吃惊。只说宪章，不说人权宣言，是一种极大的疏忽。实际上，无论从脱贫成就来看，还是从妇女权利而言，相比其他国家而言，尤其是跟巴西相比，中国更有资格将自己在人权领域取得的成果放进白纸黑字的国际文本中。

（二）言论自由和责任之辩：《世界人权宣言》和《公民权利和政治权利国际公约》

以上讨论了人权和主权哪个才是互联网治理的首要原则的问题。然而争议并没有停留至此，具体到《世界人权宣言》法律文本中，各国各方的争议还涉及另外一个问题：是否应该同时提及第 19 条和第 29 条？（A）是该仅仅强调关注言论自由的第 19 条？（B）还是该同时强调要求为自由承担责任的第 29 条？

网络空间应该仅仅重视言论自由，还是要同时注重自由所伴随的责任？同理，（A）《公民权利和政治权利国际公约》第 19 条第 1 点和第 2 点强调自由，（B）第 19 条第 3 点强调义务，那么网络空间治理原则/规范是否应该同时提及第 19 条的所有三点内容？

《世界人权宣言》第 19 条："人人有权享有主张和发表意见的自由；此项权利包括持有主张而不受干涉的自由，和通过任何媒介和不论国界寻求、接受和传递消息和思想的自由。"②

《世界人权宣言》第 29 条："（1）人人对社会负有义务，因为只有在社会中他的个性才可能得到自由和充分的发展。（2）人人在行使他

---

① 第二届世界互联网大会：乌镇倡议［EB/OL］.世界互联网大会官网，2015-12-18.

② United Nations General Assembly：Universal Declaration of Human Rights［EB/OL］. 联合国，1948-12-10.

的权利和自由时，只受法律所确定的限制，确定此种限制的唯一目的在于保证对旁人的权利和自由给予应有的承认和尊重，并在一个民主的社会中适应道德、公共秩序和普遍福利的正当需要。（3）这些权利和自由的行使，无论在任何情形下均不得违背联合国的宗旨和原则。"①

《公民权利和政治权利国际公约》（ICCPR）第 19 条的第 1 点和第 2 点强调自由：第 1 点是人人有权持有主张，不受干涉。第 2 点是人人有自由发表意见的权利，此项权利包括寻求、接受和传递各种消息和思想的自由，而不论国界，也不论口头的、书写的、印刷的、采取艺术形式的或通过他所选择的任何其他媒介。

第 3 点强调义务和责任：本条第 2 点所规定的权利的行使带有特殊的义务和责任，因此得受某些限制，但这些限制只应由法律规定并为下列条件所必需：（1）尊重他人的权利或名誉；（2）保障国家安全或公共秩序，或公共卫生或道德。②

在日内瓦《原则宣言》的拟定过程中，就这个问题同样出现了中国和美国两种截然不同的立场。中国既强调《世界人权宣言》第 19 条，也强调第 29 条，而美国认为只需强调第 19 条。例如，"原则宣言 3 月 21 日草案"（WSIS/PCIP/DT/1 文件）第 10 条只提及了《世界人权宣言》强调自由的第 19 条。③ 中国要求在正式原则宣言中同时提及

---

① United Nations General Assembly：Universal Declaration of Human Rights［EB/OL］. 联合国，1948-12-10.

② United Nations General Assembly：The United Nations INTERNATIONAL COVENANT ON CIVIL AND POLITICAL RIGHTS［EB/OL］. 联合国人权网，1966-12-16.

③ Draft declaration of Principles Based on discussions in the Working Group of Sub - Committee 2［EB/OL］. 2003-03-21, https：//www. itu. int/dms_ pub/itu-s/md/03/wsispcip/td/030721/S03-WSISPCIP-030721-TD-GEN-0001!! PDF-E. pdf.

第29条。① 美国则只关注提倡第19条。②

在同样的话题上，民间团体所表达出来的意见很值得关注。中国以及许多其他发展中国家认为，在人们未来致力于建设的信息社会中，《世界人权宣言》第19条和第29条分别强调自由和责任，从而构成了相互制约的关系。

民间团体则认为《世界人权宣言》第19条和第12条才是妥当的搭配，它们分别强调言论自由和隐私权，从而构成了相互制约的关系。因此，就有了2003年12月8日《民间团体致信息社会世界峰会的宣言》关于理想社会的"核心原则"——"人权的中心地位"——下属的两个条款：

言论自由：《世界人权宣言》第19条具有头等和特殊重要性，因为它是以人权为基础的信息与传播社会的基本条件。根据第19条，每个人都有自由发表意见和自由言论的权利，有不受疆界限制通过任何媒体寻求、接收和分享信息和思想的权利。这意味着思想的自由流通、信息源和媒体的多元化、新闻自由以及获取信息和分享知识的工具的可得性。互联网上的言论自由不能仅仅通过自律和行为守则来实现，而是必须受到法律保护。不得有事前审查、不得对传播过程参与者进行专断控制或限制，不得对信息内容、传递与

---

① China Amendment to Paragraph 7 and Paragraph 10 of WSIS/PCIP/DT/1-E by Chinese Delegation [EB/OL]. 2003-05-21, https：//www. itu. int/dms_ pub/itu-s/md/03/wsispc3/c/S03-WSISPC3-C-0017!! PDF-E. pdf.

② United States of America Comments on the March 21st Version of the WSIS Draft Declaration and Action Plan [EB/OL]. 2003-05-30, https：//www. itu. int/dms_ pub/itu-s/md/03/wsispc3/c/S03-WSISPC3-C-0047!! PDF-E. pdf.

传播进行限制。信息源和媒体的多元化必须受到保护和推进。①

隐私权：《世界人权宣言》第 12 条规定的隐私权对于人类在民事、政治、社会、经济和文化活动中的自我发展至关重要。隐私权在信息传播社会中面对新的挑战，必须在公共场所、线上、线下、寓所和工作场所得到保护。每个人必须有权自由决定是否和以何种方式接收信息并与他人交流。必须确保每个人匿名通信的可能性。私营部门和政府在个人数据方面所拥有的权力带来了越来越大的风险，包括监视和监控。在民主社会里，此类活动必须限制在法律规定的最低限度，而且必须有人对此负责。个人数据的收集、保存、处理、使用和公布，无论由谁进行，均应由所涉及个人加以控制并由其做出决定。②

民间团体虽然在其发布的宣言中花费极大篇幅强调《世界人权宣言》第 19 条，并表示该条款"具有头等和特殊重要性"，但是同时引述《世界人权宣言》第 12 条对其进行约束。民间团体则大都既抵制跨国公司的信息垄断地位，又抵制政府审查，尤其是前者。

日内瓦原则宣言草案并没有引用《公民权利和政治权利国际公约》的任何内容。"原则宣言 3 月 21 日草案"第 7 条表示："我们努力建设的信息社会是一个包容性的社会，在此社会中，人们不分彼此，不分疆界，有权自由地利用各种媒介创造、接收、共享和利用信息和知识。"

在草案的评议过程中，中国要求在本条的后面特别指出，这种自由

---

① "Shaping InformationSocieties for Human Needs" Civil Society Declaration to the World Summit on the Information Society [EB/OL]. 2003-12-08, http：//www. itu. int/net/wsis/docs/geneva/civil-society-declaration. pdf.

② "Shaping InformationSocieties for Human Needs" Civil Society Declaration to the World Summit on the Information Society [EB/OL]. 2003-12-08, http：//www. itu. int/net/wsis/docs/geneva/civil-society-declaration. pdf.

应该受《公民权利和政治权利国际公约》第 19 条第 3 点的限制。① 美国则截然相反，专门要求"公民权利和政治权利国际公约的国家缔约方保持节制，克制使用第 19 条第 3 点对信息自由流通进行限制"。② 民间团体则全面引用该国际公约第 19 条。

最终，日内瓦《原则宣言》的第 4 条和第 5 条分别引述了《世界人权宣言》的第 19 条和第 29 条。日内瓦《原则宣言》和《行动计划》均没有提及《公民权利和政治权利国际公约》。在正式的文本中，民间团体的立场获得了极大的认可，中国的立场也获得较大程度的认可。

到了斯诺登泄密事件之后，全球互联网治理的现实进一步检验了各方的立场，连欧盟也放弃了欧美之前签订的强调信息自由流通的安全港协议，重新签订强调信息负责任流通的《隐私盾协议》，在自由和隐私之间进行了平衡。巴西在《NetMundial 多利益相关方声明》也同样重视言论自由和隐私权保护之间的平衡。中国在《乌镇倡议》中也提及保护个人隐私。这些后续发展总体上验证了民间团体的早期立场。

（三）是否应该革新当下知识产权体制之辩：开源模式和商业模式

在世界各方致力于建设的数字时代中，如何平衡作者和公众的利益？

（A）既有的知识产权平台、论坛、条约——如世贸组织（WTO）平台下的《与贸易有关的知识产权协定》（TRIPS）和世界知识产权组织（WIPO）平台下的《保护文学和艺术作品伯尔尼公约》（Berne Convention for the Protection of Literary and Artistic Works）、《世界知识产权

---

① China Amendment to Paragraph 7 and Paragraph 10 of WSIS/PCIP/DT/1-E by Chinese Delegation [EB/OL]. 2003-05-21, https：//www. itu. int/dms_ pub/itu-s/md/03/wsispc3/c/S03-WSISPC3-C-0017!! PDF-E. pdf.

② United States of America Comments on the March 21st Version of the WSIS Draft Declaration and Action Plan [EB/OL]. 2003-05-30, https：//www. itu. int/dms_ pub/itu-s/md/03/wsispc3/c/S03-WSISPC3-C-0047!! PDF-E. pdf.

组织版权条约》（WIPO Copyright Treaty）、《世界知识产权组织表演和录音制品条约》（WPPT）——是否能够充分促进数字时代的创新？

（B）还是说需要完善既有体制，建设更加灵活开放的知识产权体制，甚至另外建立新的知识产权保护机制，方能鼓励数字时代的创新？在这个问题上，美国和跨国公司选 A，坚决认为既有论坛和条约足够保护知识产权、促进创新，而中国、巴西、民间团体选 B，希望建设更加灵活开放的知识产权体制。

跟知识产权有关的条款草案涉及“日内瓦《原则宣言》3 月 21 日草案”（Document WSIS/PCIP/DT/1-E 文件）第 24 条：开放标准和开源代码：为了帮助人们以可承受的价格使用信息通信技术，开放标准和开源软件是基本要素。①

跟知识产权有关的条款草案还涉及“日内瓦《行动计划》3 月 21 日草案”（Document WSIS/PCIP/DT/2-E 文件）的下列条款：

第 14 条：开放标准和开源软件：应该鼓励开发、部署开源软件和信息通信技术联网标准：（1）应该促进开放、灵活的国际互通标准，确保所有的人能最大限度地利用此技术及其相关的内容和服务。（2）应该更广泛地采用开源软件（包括联合国教科文组织的 CDS/ISIS 软件）、多平台、开放性平台以及兼容标准，以便提供选择自由，让公民以可承受的价格使用信息通信技术。（3）加强术语和其他语言资料的规范化。

第 15 条：信息流通：应该制定互联网合同的指导原则，并重新谈判互联网交通的现行合同。

① Draft declaration of Principles Based on discussions in the Working Group of Sub-Committee 2 ［EB/OL］. 2003-03-21, http：//www. itu. int/dms_ pub/itu-s/md/03/wsispcip/td/030721/S03-WSISPCIP-030721-TD-GEN-0001!! PDF-E. pdf.

第34条：知识产权：保证知识产权与公众利益之间的平衡十分重要：（1）知识产权对于促进软件、电子商务与相关贸易和投资领域的创新方面起着重要的作用，现在有必要积极采取措施促进知识产权和信息用户利益之间合理平衡，当然也应该同时考虑到多边组织在知识产权问题上已经达成的全球共识。（2）应界定一个合理的法律框架，加快开发信息和知识的公众领域。（3）保护本地知识，防止不公平的使用。①

"日内瓦《原则宣言》3月21日草案"和"日内瓦《行动计划》3月21日草案"引来了美国的愤怒回应。

第一，美国表示坚决反对"日内瓦《行动计划》3月21日草案"第15条关于重新谈判互联网交通合同的建议。

第二，美国支持草案关于开放标准的论述，但不赞同关于开源软件的说法。美国认为开放标准通常是个技术规格问题，能够提升交互性，促进信息交流和国际贸易，但是开源软件是一个不同的问题，美国坚决要求WSIS在开源软件和商业软件的问题上保持客观中立。"WSIS文件不应该鼓励开源软件，打压商业软件，而应该促进各种软件模式的繁荣，保证人们的选择自由。"

第三，在更广泛的知识产权问题上，美国表示："各国应该遵守并完整执行既有的多边的、区域的和双边的跟知识产权保护有关的协议，例如，TRIPS、《世界知识产权组织版权条约》、WPPT等条约。"②

---

① Draft action plan Based on discussions in the Working Group of Sub-Committee 2 [EB/OL]. 2003-03-21, http：//www. itu. int/dms_ pub/itu - s/md/03/wsispcip/td/030721/S03-WSISPCIP-030721-TD-GEN-0002!! PDF-E. pdf.

② United States of America Comments on the March 21st Version of the WSIS Draft Declaration and Action Plan [EB/OL]. 2003-05-30, https：//www. itu. int/dms_ pub/itu-s/md/03/wsispc3/c/S03-WSISPC3-C-0047!! PDF-E. pdf.

微软公司重复美国政府的立场，要求尊重已有的国际协议。

对于大多数发展中国家来说，"日内瓦《原则宣言》3 月 21 日草案"和"日内瓦《行动计划》3 月 21 日草案"已经是能够足够代表自身利益的完美文本。

中国要求加入言论自由也伴随责任的措辞。

巴西和民间团体则认为这两份草案还不够激进。巴西此时认为应该"鼓励开发、部署公共的另类软件"（Public Copyleft Software），"加强人们对开源软件、免费软件、另类软件的认识，尤其是在发展中国家"。①

有民间团体甚至指出："如果你所在的国家只使用一家公司控制的秘密程序，那就不是发展，而是电子殖民。"

所有民间团体的统一立场都集中在《民间团体致信息社会世界峰会的宣言》中。按照民间团体的说法，当前的知识产权体制罪大恶极，亟须一场改革甚至彻底的革命。在文本层面，民间团体对美国官方和跨国公司利益所下的战书既完整，又切中要害，主要体现在"全球知识公共领域"的两个附属条款之下：

> 版权、专利与商标：一定程度上的知识垄断，也就是俗称的知识产权，应该服务于社会利益，尤其是鼓励创意和创新。必须根据这个目标，定期审核和调整已有知识产权基准。现今，人类的绝大多数都不能从全球知识的公共领域汲取营养，这种情况导致了不平等，形成对贫穷人口和社会的一种剥夺。更有甚者，近期的趋势不是在拓展和扩大全球公共领域，而是信息日益集中到私人手中。专利正在被延伸到软件领域（甚至延伸到想法），其后果是强化垄断、阻碍创新。本来能够拯救千百万患者生命的药物无法得到使

① BRAZIL: BRAZILIAN GOVERNMENT CONTRIBUTION ［EB/OL］. 信息社会世界峰会网，2003-05-31.

用，因为制药公司掌握专利，拒绝向无法支付高价的国家提供药物。专利期一延再延，几乎达到了无限期，这背离了保护知识产权原来的宗旨。①

软件：……各国政府应该提倡免费软件在学校、高等院校和公共行政部门的使用。联合国应该审查造成知识和信息垄断的现有机制，评估它们对贫困和人权的影响，这种审查包括世界知识产权组织（WIPO）的工作和《与贸易有关的知识产权协定》（TRIPS）的运作，确保对知识产权的保护服务于促进创新、奖励首创的目标，而不是将知识集中到私人手中，直到失去其社会效益。②

在最终的日内瓦《原则宣言》和《行动计划》中，均阉割了早期版本的锋芒。《原则宣言》只是说要认识到商业、开源、免费等不同软件模式，促进对信息和知识的获取。《行动宣言》在"获取信息和知识"条款下设立了十个附属条款，却没有任何一个敢于启用3月21日草案中的内容。

在走向日内瓦峰会的路上，关于知识产权的辩论最为激烈，也最能触及问题的本质，但持续到今天，仍然没有出现可以将这个议题放到全球议程上的利益相关方，民间团体在信息社会世界峰会上的奋力一搏有可能成为绝响。

在知识产权领域，除非面临全球用户的集中压力，否则跨国公司和美国政府不可能允许持有上述立场的民间团体发挥更大的影响力。到了

---

① "Shaping InformationSocieties for Human Needs" Civil Society Declaration to the World Summit on the Information Society [EB/OL]. 2003-12-08, http：//www. itu. int/net/wsis/docs/geneva/civil-society-declaration. pdf.

② "Shaping InformationSocieties for Human Needs" Civil Society Declaration to the World Summit on the Information Society [EB/OL]. 2003-12-08, http：//www. itu. int/net/wsis/docs/geneva/civil-society-declaration. pdf.

NetMundial 会议，巴西也只敢将"开放标准"作为互联网治理的八大原则之一，并没有提及开源软件和知识产权，而美国从来没有排斥开放标准的主张。

（四）"多边"（multilateral）和"多方"（multistakeholder）的辩论

2014 年 7 月 16 日，国家主席习近平在巴西国会发表演讲，指出互联网发展对国家主权、安全、发展利益提出了新的挑战，提出"建立多边、民主、透明的国际互联网治理体系"。

这句话后来成为中国的官方口径，"多边"一词从此进入中国互联网外交修辞，被广泛传播和引用。"多边"一词在中国已经占据了不容置疑的地位。从要求加强联合国和各国政府的作用，到使用多边这个指导原则，中国在互联网治理外交中的立场具有连贯性。

尽管如此，在全球实践中，"多方"一词也能反映国际共识，并且具有不可逆性。争辩这种措辞游戏并不具有太大的意义，毕竟美国也并非在全部互联网治理的论坛和主题上都坚持多方原则，中国也不是在所有论坛和主题上都坚持多边原则，各国都根据自身利益有技巧地调整措辞和立场。但是，通过解读互联网治理的关键文本，梳理这个词汇演变的过程，有助于认清各国的真实目的。

中国关于"多边、民主、透明"的措辞源自信息社会世界峰会。日内瓦《行动计划》3 月 21 日草案第 33 条这样阐释互联网治理：互联网的透明民主治理是全球网络安全文化发展的基础。应该由一个国际的、政府间组织来保障对根服务器、域名和 IP 地址分配进行多边、民主和透明的管理。①

可以想见，美国不可能接受这条激进的条款，因而草案第 33 条并

---

① Draft action plan Based on discussions in the Working Group of Sub-Committee 2［EB/OL］. 2003 - 03 - 21, http：//www. itu. int/dms _ pub/itu - s/md/03/wsispcip/td/030721/S03-WSISPCIP-030721-TD-GEN-0002！！ PDF-E. pdf.

没有进入最终的日内瓦《行动计划》。但是，互联网治理已经在日内瓦峰会之前成为核心议题。所以，日内瓦《行动计划》第13条第2款表示邀请联合国秘书长设立一个互联网治理工作组（WGIG），负责拟定"有关互联网治理的切实可行的工作定义""确定与互联网治理有关的公共政策问题"等。

到了2005年信息社会世界峰会突尼斯会议，《信息社会突尼斯议程》第29段写道："互联网已经发展成为供公众使用的全球设施，互联网治理应该成为信息社会议程的核心问题。互联网的国际治理必须是多边、透明和民主的，并有各国政府、私营部门、民间团体和国际组织的充分参与。"①

因此，国家主席习近平在巴西讲话中提倡"建立多边、民主、透明的国际互联网治理体系"这个措辞极有可能源自信息社会世界峰会的这些文件。而日内瓦《行动计划》3月21日草案中关于互联网治理的描述完整地发展成为中国后来的官方立场。

实际上，不管是中国政府，还是欧盟，都希望扩大政府的作用，这符合互联网发展的大趋势，但是全球互联网治理的现实表明多边原则存在较大争议。"多边"无法诠释当前国内外互联网治理的现实，没有容纳企业这些网络空间的实际产权拥有者，也没有容纳民间团体这些主要针对企业的批评者。私营部门（市场、企业）已经做大，以合法的形式占据了网络空间。

在美国，谷歌、亚马逊、脸书、微软等公司对网络空间的控制难以撼动。在中国，百度、阿里巴巴、腾讯、字节跳动等公司早已完成了对网络空间的私有化和商业化，华为、中兴等电信公司也忙碌于各种全球标准的制定。

---

① TUNIS AGENDA FOR THE INFORMATION SOCIETY［EB/OL］. 2005 - 11 - 18, http：//www. itu. int/net/wsis/docs2/tunis/off/6rev1. pdf.

虽然中国强调在全球范围内加强政府多边组织在互联网治理中的作用是准确的，有助于平衡、抵消过于强大的市场力量，但是试图将市场主体完全排挤出驾驶席位，甚至选用一个市场力量不认可的词汇已经难以实现。

更何况，多边原则实际上还将民间团体排斥在外，而民间团体实际上在诸如知识产权等很多议题上是发展中国家的天然盟友，可以共同携手对抗野心勃勃的市场主体。

虽然绝大多数非民间团体均源自西方，缺乏发展中国家的声音，但是这些群体包括了一大批理想主义者，他们既不赞成政府主导模式，认为各国政府是网络空间的敌人，他们也抵制市场主导模式，认为各大互联网公司将网络空间、人类思想商业化、私有化，背离了自由的价值理念，他们要求自发形成网络空间的社会契约。虽然他们的想法偏于理想主义，但是排斥民间团体既不符合基本战略常识，也不具备政治正确。

及至 2015 年 12 月 18 日，已经可以看到中国政府在多边和多方立场之间的挣扎。《乌镇倡议》第 5 条倡议是关于推动国际互联网治理的内容：国际社会应真诚合作……建立多边、民主、透明的全球互联网治理体系，支持政府、企业、民间组织、技术社群、学术界、国际组织和其他利益相关方根据各自的角色和职责发挥更大作用，打造网络空间命运共同体。[①]

稍微解读这条倡议即可看到，它既提倡多边，延续了国家主席之前的提法，也提倡多方，把政府、企业、民间组织、技术社群、学术界、国际组织和其他利益相关方都纳入了倡议当中。

中国的立场还处于探索和塑造阶段。美国商务部官员斯特里克兰（Lawrence E. Strickling）在 IANA 监管全球化谈判中扮演重要角色。即

---

① 第二届世界互联网大会：乌镇倡议［EB/OL］.世界互联网大会官网，2015-12-18.

便他多次跟中国核心官员打交道，也没有弄清中国的真实立场。他说：

> 中国在互联网辩论中持有什么立场？一方面，我们很欣喜地看到越来越多的国家支持多方模式；另一方面我们也不能心存幻想，认为那些支持多边模式的国家会心甘情愿地让步。究竟是支持多边，还是多方？中国发出的信号很复杂。中国一方面参与 ICANN 进程，甚至参与前两次责任和审核团队，说过支持多方的话；另一方面又在乌镇峰会表示将自己单干，走向网络主权的立场。①

从巴西的角度来看，"多方"在某种程度上是世界各国各界（尤其是民间团体和新兴国家）为了抵制美国垄断互联网资源而坚守的概念。2014 年 4 月 23—24 日，"NetMundial 会议"在圣保罗市举行。巴西直接用"多方"给会议命名，将"多方"模式作为互联网治理所有相关议题辩论的总体指导方针。在开幕致辞中，罗塞夫总统强调所有政府平等参与的重要性："各国政府平等参与，一个国家不应该比另一个国家更重要。"她也强调所有利益相关方共同参与的重要性："完全交由政府间机构进行治理，而排除其他利益相关方，不能体现民主。"

对于美国来说，"多方"只是障眼法，"市场主导模式"才是真实意图。有人认为"多方"是美国提出的概念。实际上，美国之所以最终认可"多方"原则，也是外交妥协的结果。美国的真实立场实际上是市场主导模式（private sector leadership），提倡市场利益主体坐在驾驶席，主导全球互联网治理，但是后来将此置于"多利益相关方"的前提之下。

---

① LAWRENCE E. Strickling：Remarks of Assistant Secretary Strickling at the Information Technology and Innovation Foundation 03/17/2016［EB/OL］. United States Department of Commerce National Telecommunications and Information Administration，2016-03-17.

在美国针对"日内瓦原则宣言和行动计划草案"提出的所有十条批评意见中，可以用其中的一句话来概括："原则宣言和行动计划草案没有充分重视私人投资和竞争在开发、部署、维护以及升级世界通信和信息网络和设施中所扮演的关键和首要作用。"① 维护私营部门的领导地位一直是美国的真实立场，只是美国互联网外交单边主义政策在2012年国际电信世界大会遭遇了巨大失败，美国后来做出了外交辞令上的妥协，改为在"多方"原则的基础上提倡市场主导模式。

三、互联网治理论坛：信息社会世界峰会的主要遗产

自从 2006 年第 1 届联合国互联网治理论坛（The Internet Governance Forum，以下简称 IGF）在雅典召开以来，IGF 经历了为期 6 年的早期阶段，度过了长达 5 年机遇与危机时期，经过了日内瓦、巴黎以及柏林连续 3 年的欧洲洗礼，又经过新冠疫情期间的在线 IGF，此时正进入机制改革的关键时刻，有可能获得新的驱动力与合法性，蜕变为网络空间全球治理的主渠道机制，汇聚原先分裂割据的对话版图，设定 21 世纪 20 年代数字合作与网络空间和平的议程。

迄今，联合国共召开了 15 届 IGF，分别举办于 2006 年希腊雅典、2007 年巴西里约热内卢、2008 年印度海德拉巴、2009 年埃及沙姆沙伊赫、2010 年立陶宛维尔纽斯、2011 年肯尼亚内罗毕、2012 年阿塞拜疆巴库、2013 年印度尼西亚巴厘岛、2014 年土耳其伊斯坦布尔、2015 年巴西若昂佩索阿、2016 年墨西哥瓜达拉哈拉、2017 年瑞士日内瓦、2018 年法国巴黎、2019 年德国柏林，以及 2020 年在线 IGF。

---

① United States of America Comments on the March 21st Version of the WSIS Draft Declaration and Action Plan [EB/OL]. 2003 – 05 – 30, http：//www. itu. int/dms_pub/itu-s/md/03/wsispc3/c/S03-WSISPC3-C-0047!! PDF-E. pdf.

（一）IGF 早期阶段和危机期（2006—2016 年）

IGF 是两期联合国信息社会世界峰会（The World Summit on the Information Society）带有妥协意味的成果。美国做出一定的让步，承认各国对国家代码顶级域（ccTLDs）的主权，但拒绝就 ICANN 问题做出任何其他让步。ICANN 地位问题在峰会上悬而未决，联合国成立 IGF，让各国继续讨论治理网治理议题。

这个论坛从一开始就被阉割，未被赋予决策权，存在先天缺陷，但多年来该论坛顽强地延续了自己的生命，维持了政府、产业、民间团体等利益相关方在联合国这个多边舞台上关于该议题的对话。IGF 前 6 年可以被定义为早期阶段。

在长达 15 年长跑中，IGF 起起落落，有时充满活力，有时失去动力。受制于其先天不足，IGF 在 2012 年国际电信世界大会、2013 年斯诺登泄密事件的重大危机中，并没有抓住扩大权力的时机。然而，IGF 作为一个多方模式嵌入到联合国多边机制当中，具有独特的优势，不排斥任何利益相关方，不回避争议问题，其开放的讨论机制本身就是一种创新。

2012 年国际电信世界大会（WCIT 2012）是美国单边主义互联网政策的倾覆点。大会决议草案邀请国际电信联盟在互联网治理领域发挥自己的作用。针对这个决议草案的表决过程分裂了大会。

美国及其加拿大、澳大利亚等铁杆盟友风声鹤唳，不允许在条约中出现任何关于互联网治理的内容，强烈要求删除该决议草案。针对该草案的去留，出现了分裂局面：中国等 89 个国家签署新条约，美国等 55 个国家拒绝签署。

互联网治理问题导致世界各国分裂为两大阵营，这是冷战之后首次发生这种情况。美国意识到仅靠本国已经难以单枪匹马地主导互联网事务，必须改变此前的单边主义的做法，安抚各国各方，尤其是中间的摇摆国家。

2013 年 6 月爆发的斯诺登泄密事件成为压垮骆驼的最后一根稻草，给美国政府带来空前的压力，美国不得不在互联网核心资源治理方面做出巨大让步。

2014 年 3 月 14 日，美国商务部电信与信息管理局（NTIA）宣布计划移交 IANA 职能管理权，交接对象是"全球多利益相关方社群"（Global Multistakeholder Community）。IANA 职能是指 IP 地址、域名/域名系统根区管理以及协议参数等技术内容。

2016 年 3 月 10 日，全球多利益相关方社群完成移交报告，获得美国政府认可。2016 年 10 月 1 日，美国政府与 ICANN 之间的合同失效，移交成功完成。对于很多发展中国家来说，这次移交能够完成，已经是了不起的成果。

美国主动切割掉一些美国政府与 ICANN 之间的关联，消解了很大一部分敌意。但这次移交也给 IGF 带来了合法性危机，ICANN 地位问题作为一个重大关切不复存在，IGF 被釜底抽薪，一些人认为 IGF 已经完成了使命。

（二）IGF 与欧洲（2017—2020）

事情的发展证明，2016 年 10 月 IANA 职能管理权的移交不是终点，而是起点。2017 年，IGF 的举办地转移到了欧洲，从 2017 年日内瓦，到 2018 年法国巴黎，再到 2019 年德国柏林，互联网治理论坛连续三次在欧洲召开。2019 年年底柏林互联网治理论坛结束之后，IGF 在某种程度上实现了重生。这种重生是三条线索在 2019 年交织的结果。

第一条线索是互联网治理议题本身的演变。互联网治理在这些年里演化成为一个复杂的、交织的、全局的多维度议题，拥有政治、经济、外交、军事、技术等多重属性。从 2006 年第一次 IGF 会议到 2019 年，世界各国对互联网治理的看法已经发生了巨大变化，远远超越了

ICANN 这个技术层面。

随着互联网的普及以及数字经济的长足发展，互联网日益承载其他社会属性，各国更加重视互联网治理，对互联网的看法日益深刻。2013年斯诺登泄密事件以来，安全视角浮现，数据视角凸显，取代了以前的技术视角，占据了主导地位。互联网治理不再仅仅是技术问题，演化成大治理议题，涵盖数万亿数字经济规模，影响军事和情报信息化，关乎国家安全和政治稳定，占据科技创新、对外贸易、对外宣传制高点。

第二条线索是联合国因素。联合国新任秘书长古特雷斯关注数字合作与网络空间和平，希望通过提升 IGF 的地位来统筹互联网治理。2018年，联合国秘书长古特雷斯成立数字合作高级别小组，任命马云、梅琳达·盖茨为联合主席，来自美俄英等国共 18 名专家经过为期一年的准备，在 2019 年发布了《联合国秘书长数字合作高级别小组报告》。

该报告是一份史诗级别的文本。它解释了数字相互依赖性、数字共同体等顶层概念，从顶层设计上奠定了全球数字合作辩论的思想基础。报告还详细描绘了 IGF 改革的蓝图和架构，建议全球商讨成立 "IGF+机制"、分散共治机制以及数字共同体机制，来实现全球数字合作。报告建议联合国秘书长任命技术特使，提升对互联网治理议题的统筹能力。

IGF 改革的核心问题是如何在当前的多方对话机制之上建立一个 "IGF+机制"，使得 IGF 可以更有效地参与制定全球互联网公共政策。美国、英国和澳大利亚等 "五眼国家" 在较大程度上不支持提升 IGF 的权力，认为当前的这些提议大多和联合国的已有机制重合，没有必要重复建设。与此相反，法国、德国、荷兰、中国等国家从正面的、建设性的角度参与 IGF 改革进程，并希望提升 IGF 的权力。

第三条线索是欧洲因素。瑞士在 2017 年首先将 IGF 举办地带到欧洲，法国总统马克龙在 2018 年 IGF 提出了巴黎倡议，德国总理默克尔在 2019 年 IGF 主张数字主权，欧洲大国领导人借助主场办会的优势，旗帜鲜明地推动欧洲大国的网信立场，矛头均指向亚马逊、谷歌、脸书、推特等美国互联网巨头。

法国总统马克龙在这个领域最为激进。他在 2018 年 11 月连续参加三场国际峰会：第一届巴黎和平论坛、第一届巴黎数字周、第 13 届 IGF，推出法国的立场与主张，推动欧盟走不同于中国和美国的第三条网信道路。德国总理默克尔在第 14 届 IGF 演讲中阐释了数字主权的主张，透露出老牌工业国家德国的深层担忧，跟马克龙的观念异曲同工。

中国常说错过了工业革命，曾经导致中国长期落后。在马克龙和默克尔的 IGF 演讲中，可以清晰地体会出他们最担心错过数字革命，并且目前已经重拳出击，通过反垄断、征收数字税、数据立法等多种方式进行再平衡，在网信领域与美国进行一定程度的脱钩，收复一些失地。

正是伴随着欧洲数字主权意识的觉醒，互联网治理议题本身的演化扩大，加上联合国本身的重视，这三条线索在 2019 年德国柏林 IGF 交织到一起，赋予了 IGF 新的动力与合法性，IGF 重获新生。

（三）中国与 IGF：新的起点

中国虽然在网络军事与网络内容方面存在脆弱性，但是中国数字经济实力强大，地缘以及语言文化优势明显，领导层比欧洲、俄罗斯更早、更深刻、更全面地认识到网信问题的重要性与全局性，且用户主要使用自己的平台，因此对自身网络主权保护较为完整，所面临的实际压力并不高于欧洲、俄罗斯诸国。

中国政府、企业、行业协会、学术代表、技术社群一直积极参与 IGF 会议，并能够透彻地解读 IGF 的独特优势。中国政府、阿里巴巴和京东等企业资助了联合国数字合作高级别小组的工作。在 2019 年联合国数字合作高级别小组报告的字里行间，都能够看到中国式的整体性思考方式与共同体思维。

　　这种思维与欧洲全球公共产品概念相得益彰，与互联网技术社群领所秉承的数字共同体价值观不谋而合，从顶层设计上设定了 2019 年柏林 IGF 的议程。在中观层面，中国提倡的网络主权观点跟欧洲数字主权主张之间的异同也值得探讨。

　　2019 年，中国信息通信研究院与中国互联网协会发起"中国互联网治理论坛（IGF）行动倡议"，启动中国 IGF 进程，号召各方积极加入中国 IGF 行动倡议。

　　2020 年，中国互联网协会成立国家级互联网治理论坛——中国互联网治理论坛，组建"多利益相关方咨询委员会"，致力于促进中国社群之间以及与国际各方在互联网治理相关方面的交流互动与合作，凝聚中国社群共识并产出方案、成果，宣介中国互联网治理理念和经验。

　　中国 IGF 兼容并包，在机制上具有开放性和创新性，希望通过自下而上、多方参与、开放、透明和包容的方式，为政府、企业、高校、技术社群等利益相关方搭建交流平台，鼓励各利益相关方发挥各自应有的作用，开展网络共享共治，推动维护网络安全、提升产业发展水平、促进互联网良性治理、助力数字经济蓬勃发展。①

　　中国 IGF 社群站在新的起点上深入参与了第 15 届 IGF，成为联合国 IGF 与中国之间的新的连接纽带。中国企业也日益参与到该进程当中。

　　2020 年是中美数字冷战元年，美国特朗普政府出台"清洁网络计划"，采取单边主义网络外交路线。拜登政府上台之后，美国不会轻易退出该路线。在这个背景下，IGF 改革尤为迫切。

　　如果 IGF 改革获得成功，将有助于挽救互联网走向分裂的负面趋势，遏制中美俄欧等大国之间走向"数字冷战"的势头。

　　以 IGF 为代表的联合国线索有可能成为中国维护自身网络安全和数

---

① Hillary Rodham Clinton：Remarks at Techport Australia ［EB/OL］. U. S. department of state，2012-11-15.

字经济利益的重要渠道。中国需要更加全面兼顾当下的进程，团结欧洲国家，联络其他亚洲国家，支持技术社群和进步团体，推动互联网治理辩论在良性的轨道上前进。

第三章

斯诺登泄密事件

2013 年 6 月 5 日，中国国家主席习近平正在加州安纳伯格庄园准备同美国总统奥巴马举行会晤。网络安全被西方媒体定义为这次会晤的首要议题。为了这个时刻，美国已经进行了大量的动员和舆论铺垫，准备对我国"兴师问罪"。但是，谁都没有预料到，正在这段恩怨就要达到顶峰的时刻，斯诺登披露美国"棱镜计划"，美国所面临的形势瞬间急转而下，白宫电话响个不停，奥巴马当局从此陷入连绵不断的麻烦。全球网络安全大辩论由此形成了真正的全球规模。

由于泄密事件本身的吸引力、斯诺登作为操盘者采取逐步泄密的战略、新旧媒体在分析深度和扩散速度方面的优势互补、美国政府的傲慢和粗暴回应，斯诺登泄密事件从爆发之日起便一直占据着全球媒体和公众议程，将网络安全这个议题推向前所未有的高点。这些被全球现场直播的泄密事件如同一道道闪电，一次次地照亮了暗夜里层峦叠嶂的群山，释放出光怪陆离的光谱，映衬出来国际体系的深刻不平等，勾勒出全球网络空间里弱肉强食的丛林法则。

虽然美国仍然是那个拥有世界上最好的教育和创新制度的国家，但是斯诺登泄密事件让人们以独特的方式看到美国形象中最为黑暗的成分。美国通信业巨头和美国国安局之间合作的密切程度让人震惊，美国五角大楼对于网络军队和网络武器的现有编制和设想更骇然听闻，奥巴马政府对斯诺登泄密事件的反应则尤其让全球公众瞠目结舌。所有这些，对于帮助我们理解国际关系的本质特征，提供了可遇不可求的素材。

斯诺登并没有一下子全盘托出美国所有的监控行为，如果全盘托出的话，那这个丑闻在全球媒体议程上维持的时间会极短。如同此前的维基解密事件一样，斯诺登设计了一连串持续的、有技巧的曝光活动。比如，斯诺登选择在中美首脑即将在安纳伯格庄园会晤的时刻曝光"棱镜"项目（2013年6月5日）。无独有偶，斯诺登选择中美首脑即将在海牙会面之前曝光美国监控中国前国家领导人（2014年3月23日）。同理，斯诺登选择巴西总统罗塞夫（Dilma Rousseff）即将访美之前曝光美国监控她的电子邮件（2013年9月1日）。

除了"棱镜"项目之外，在接下来两年多的时间里，斯诺登先后曝出多个监控项目，本章列举了其中的一些典型项目。在这些项目中，德国总理默克尔、巴西总统罗塞夫、印尼总统苏西诺、马来西亚总理巴达维、中国前国家主席胡锦涛等122位国家最高领导人均在美国国家安全局的监控雷达之内。斯诺登曝光的监控世界还拥有完善的国际分工体系。英国政府通讯总部（GCHQ）负责欧洲地区，澳大利亚国防通讯处（ASD）和新西兰政府通信安全局（GCSB）负责亚太地区，美国国家安全局（NSA）统揽全局。

斯诺登泄密事件是整个互联网历史和治理辩论的分水岭，它彻底地击碎了自从互联网诞生以来的许多神话，从根本上改变了全球公众此前对于互联网的认识。它首先表明，网络空间仍然可以是一种中心化的等级体制，美国国家安全局这种代表政府的国家权力与谷歌这种代表资本的经济权力可以巧妙结合、为祸世界。世界上最大的"老大哥"（Big Brother）和全球市值最高的互联网巨头可以互相喂食，像水蛭一样附着在信息技术食物链的最上层，从全球用户的有机体上汲取"营养"。

斯诺登泄密事件让世人看到了网络空间中建立在白人种族主义基础上的隐秘维度和地下世界。白人种族主义和至高无上主义是这个监控体系的最大特征。由美国、英国、加拿大、澳大利亚和新西兰组成的

"五眼联盟"虽然起源于反德日法西斯的历史，但其在网络空间的发展却恰恰变成了它们当时反对的对象。这五个国家通过"DNA"维系在一起，它们"同文同种"，均属"盎格鲁势力范围"（Anglosphere）。毕竟，美国前国务卿希拉里·克林顿访问澳大利亚的时候曾经毫不掩饰地指出，美澳同盟关系远比中澳经济合作来得深刻：美澳关系是"骨子里的DNA"，不是"酒肉朋友"。①

在这个地下世界里，它们毫不掩饰自己的雄心壮志——"主宰互联网"（Mastering the Internet）。这恰是英国政府通讯总部的一个监控项目名称，最清楚地道出了"五眼联盟"的野心。本章依次介绍斯诺登曝光的美国监控项目。

（一）"棱镜"（PRISM）项目：美国国安局和九家美国科技公司的合作

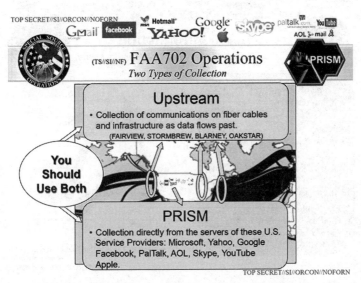

图1　美国收集通信情报的两种方式："棱镜"项目和"上游"项目

① Hillary Rodham Clinton：Remarks at Techport Australia［EB/OL］. U. S. department of state，2012-11-15.

2013 年 6 月 5—6 日，美国国家安全局（NSA）前雇员斯诺登（Edward Snowden）通过《华盛顿邮报》和英国《卫报》曝光美国"棱镜"项目和"上游"项目。这实际上是指美国政府情报部门收集通信情报的两种方式。斯诺登所曝光的是情报人员的培训材料，所以通常以幻灯片的方式呈现。①

如图 1 所示，"棱镜"项目（PRISM）是指"从美国服务提供商的服务器上直接收集情报"，涉及"微软、雅虎、谷歌、脸书、PalTalk、美国在线、Skype、YouTube 以及苹果"九家科技公司。跟棱镜项目有关的幻灯片上大都标记了这九家公司的名字。"上游"项目（UPSTREAM）是指"从数据流经的光缆和基础设施上收集情报"。美国官方建议情报人员结合使用这两种方式收集通信情报。

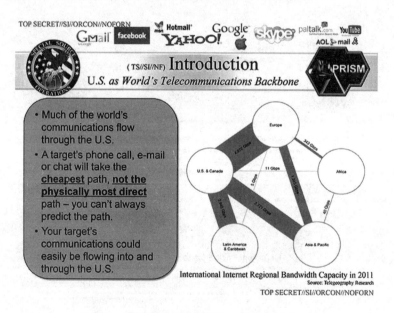

图 2　美国在世界通信中所占的中枢地位

① Washington post：NSA slides explain the PRISM data-collection program［EB/OL］. The Washington Post，2013-06-06.

　　图2主要展示了美国在世界通信中所占的中枢地位。这张幻灯片的标题是"美国作为世界电信的中枢"。图2的左侧从上到下标注了三部分内容：（1）"世界上许多通信均流经美国"；（2）"监控目标的电话、邮件或者聊天记录会选择最便宜的路径，而非物理意义上最直接的路径"；（3）"监控目标的通信容易流入和流经美国"。图2的右侧根据"2011年国际互联网带宽容量"描画了美国/加拿大、欧洲、亚太、拉丁美洲/加勒比地区以及非洲这五大区域之间互联网交通的不平衡。

　　美国国家安全局正是利用美国在世界电信中的这种中枢地位，如同老练的蜘蛛一样"稳坐中军帐"，做到"运筹帷幄之中，决胜千里之外"。

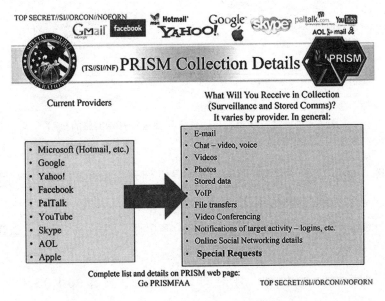

图3　"棱镜"项目收集各种形式的通信内容

　　图3的标题是"棱镜项目收集详情"（PRISM Collection Details）。这张幻灯片的左侧列举了"当前的提供商"，即九家美国高科技公司。幻灯片的右侧列举了情报人员可以获得的各种形式的通信内容，自上而

下包括：电子邮件、聊天（音视频）、视频、图片、存储数据、网络电话、资料传输、视频会议、监控目标的活动（如登录）、在线社交网络详情以及其他特殊要求。

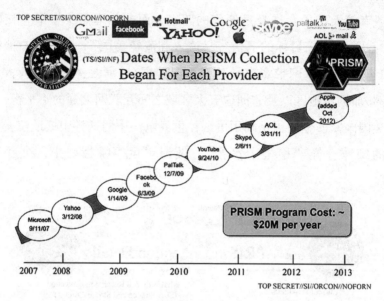

图4　"棱镜"项目在美国九大科技公司开始实施的日期

　　图4的标题是"棱镜项目在每个提供商开始收集的日期"。开始日期依次是：微软（2007年9月11日）、雅虎（2008年3月12日）、谷歌（2009年1月14日）、脸书（2009年6月3日）、PalTalk（2009年12月7日）、YouTube（2010年9月24日）、Skype（2011年2月6日）、美国在线（2011年3月31日）、苹果（2012年10月）。

　　幻灯片右下角标注"棱镜"项目的每年运营成本大约为2000万美元。"棱镜"项目下一步计划将云存储平台Dropbox纳入进去。这张幻灯片还说明，早在2009年1月14日，谷歌公司就跟美国政府密切配合，通力合作，供奉情报。在这种情况下，谷歌公司一年后以几个邮件账户被入侵为由，挑战中国政府，即便事实真的存在，那么跟美国政府相比，这构成了"窃钩者"和"窃天下者"的巨大差异。这表明这家以创新知名的全球最大的互联网公司同时具有极其伪善的一面。

（二）"颞颥"项目（TEMPORA）：通过数据流经的光缆获得信息

图5　英国政府通讯总部（GCHQ）的"主宰互联网"（MTI）项目

2013年6月21日，根据斯诺登提供的资料，英国《卫报》独家披露了代号为"颞颥"（TEMPORA）的监控项目。① "颞颥"本来是指人的头部两侧靠近耳朵上方的部位，也就是俗称的"太阳穴"，与神经直接相连，是人的要害部位之一。颞颥监控项目由英国政府通讯总部（GCHQ）和美国国家安全局（NSA）共同实施。该项目由两部分组成："主宰互联网"项目（MASTERING THE INTERNET, MTI）和"开发全球电信"项目（Global Telecoms Exploitation）。

"主宰互联网"项目是英国政府"监听现代化项目"（Interception Modernization Program, IMP）的核心要素。通过"2007年10月综合开支审查"（October 2007 Comprehensive Spending Review），"主宰互联网"

① MACASKILL E, BORGER J, HOPKINS N, et, al. GCHQ taps fibre-optic cables for secret access to world´s communications［EB/OL］. The Guardian, 2013-06-21.

项目获得为期 3 年、高达 10 亿多英镑的资助。美国军工巨头洛克希
德·马丁公司（Lockheed Martin）和英国三大军工巨头之一英国宇航集
团（BAE）均高度参与该项目的研发。① "开发全球电信"项目的详情
未获曝光。

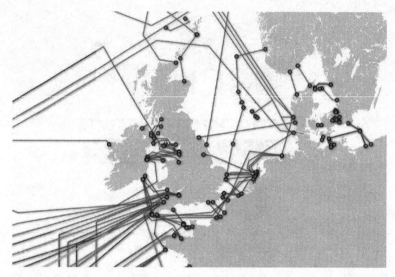

图6　"小岛国，大数据"

如图 6 所示，根据美国电信产业市场调研公司（Telegeography）的
数据，英国是世界上多条光缆的上岸处（landfall）和汇接点（peering
points），这使得英国情报部门拥有得天独厚的地位。②

颞颢项目代表英国政府通讯总部的互联网拦截实力。一些电信巨头
在自愿或被胁迫的情况下，与英国政府通讯总部进行秘密合作，将数据
拦截设备放置在近 200 条进出英国的海底光缆上，使得英国政府通讯总

---

① WILLIAMS C：Jacqui´s secret plan to "Master the Internet"［EB/OL］. The Register，
2009-05-03.

② Leaked docs：GCHQ spooks secretly haul in more data than NSA［EB/OL］. The Register，
2013-06-21.

部能够直接获取从北美欧洲传输的大量网络数据，包括电话记录、电子邮件、社交网站帖子、上网记录等。

Cable	UK?	REMEDY	GERONTIC	DACRON	Partner LITTLE	PINNAGE	STREET CAR	VITREOUS
Apollo	UK	IRU/LC	DCO	IRU/LC	IRU/LC		IRU/LC	
CANTAT 3	UK	DCO	IRU/LC					
Concerto	UK						DCO	
EIG	UK	DCO	DCO	DCO				
Flag Atlantic 1	UK			IRU/LC	IRU/LC			
Flag EA	UK	IRU/LC	IRU/LC	IRU/LC				
Hibernia	UK				IRU/LC			IRU/LC
Solas	UK		DCO					
SMW-3	UK	DCO	IRU/LC	DCO				
Tangerine	UK				DCO			
TAT-14	UK	DCO	DCO	DCO	DCO			
Tata TGN-Atlantic	UK	IRU/LC						
Tata TGN-Western Europe	UK	IRU/LC						
UK-France 3	UK	DCO	DCO					
UK-Germany 6	UK	DCO	DCO					
UK-Ireland (GX)	UK					DCO		
UK-Netherlands 14	UK	DCO	DCO					
Ulysses	UK			DCO				
Yellow/AC-2	UK	IRU/LC			DCO	DCO		
AAG		DCO						
AC-1		IRU/LC		IRU/LC	IRU/LC	DCO		
Americas II			IRU/LC	DCO	DCO			
APCN-2		DCO	DCO	DCO				
APCN		IRU/LC	IRU/LC	DCO				
ARCOS					IRU/LC	DCO		
Antillas 1				DCO				
Atlantis II				DCO				
Australia-Japan Cable		IRU/LC	IRU/LC	DCO				
Bahamas 2				DCO				
Carac			DCO					
Cayman-Jamaica FS			DCO					
China-US			IRU/LC		DCO			
Circe N								DCO
Circe S								DCO
Columbus III				DCO				
Denmark-Poland 2		IRU/LC						
Denmark-Russia 1		IRU/LC						
Flag Falcon							IRU/LC	
Flag North Asia Loop				IRU/LC				
Gemini Bermuda			DCO					
Globenet			IRU/LC					
GO-1							IRU/LC	
Guam-Philippines				DCO				
Italy-Malta							IRU/LC	
Japan-US		DCO	DCO	DCO	DCO	IRU/LC		
Kattegat			DCO					
Latvia-Sweden			DCO					
MAC						DCO		
Maya-1		DCO	DCO	DCO		DCO		
PAC						DCO		
Pan American				DCO				
PC-1			IRU/LC	IRU/LC				
PEC						DCO		
Russia-Japan-Korea				DCO				
SAC/LAN						DCO		
SAFE		DCO	DCO	DCO				
SAT-3/WASC		DCO	DCO	DCO				
SMW-4				DCO			IRU/LC	
Southern Cross		IRU/LC	IRU/LC		IRU/LC	IRU/LC		
Sweden-Finland			DCO					
Taino-Carib			DCO					
TPC-5				DCO				
TPE				DCO				

图7　2009年7月，英国政府通讯总部所能入侵的114条光缆的名单

"政府通讯总部在2012年平均每天处理6亿个电话信息，监听超过

200 条光缆，并能同步处理至少 46 条光缆的数据。每条光缆每秒传输 10GB 数据。"① 通过这些光纤电缆每天传输的数据相当于将大英图书馆的藏书搬运 192 次。英国政府通讯总部强大的网络设备能将获取的海量数据存储一个月，供 550 多名 GCHQ 和 NSA 该项目情报分析人员进行筛选和分析。

如图 7 所示，英国政府通讯总部可以入侵以上所列的 114 条光缆，涉及澳大利亚、比利时、加拿大、中国、丹麦、埃及、芬兰、法国、德国、美国等 20 多个国家之间的联系。

德国《南德意志报》披露与英国政府通讯总部合作参与此监控项目的七家电信公司的名字：英国电信（British Telecom）、美国威瑞森（Verizon）、英国沃达丰（Vodafone）、美国 Level 3 通信公司、美国环球电讯（Global Crossing）、欧洲光纤运营商 Viatel 以及英国 Interoute 公司。② 英国政府通讯总部还给这些公司分别取了不同的外号。例如，英国电信的代号为"解药"（Remedy），威瑞森的代号是"涤纶"（Dacron），沃达丰是"长者"（Gerontic），美国 Level 3 通信公司是"小小"（Little），美国环球电讯是"别针"（Pinnage），欧洲光纤运营商 Viatel 是"玻璃体"（Vitreous），英国电信公司是"街车"（Streetcar）。这七家电信公司也通过泄露用户数据获得报酬。

---

① 张梦然：《卫报》披露英国通讯总部监听超过 200 条光缆［EB/OL］. 人民网，2013-06-25.

② Von John Goetz, Frederik Obermaier: Snowden enthüllt Namen der spähenden Telekomfirmen［EB/OL］. Sueddeutsche Zeitung, 2013-08-02.

（三）"X 关键得分"项目（XKeyscore）：横扫一切私人通信

2013 年 7 月 31 日，英国《卫报》曝光美国"X 关键得分"（XKEYSCORE）监控项目。该项目能够收集"用户的几乎所有网络活动"。报道概括了该项目的三个特点：（1）在线数据收集的覆盖面最广；（2）情报分析人员不需要事先授权就可以进行搜索；（3）彻底搜索电子邮件、社交媒体活动以及浏览记录。①

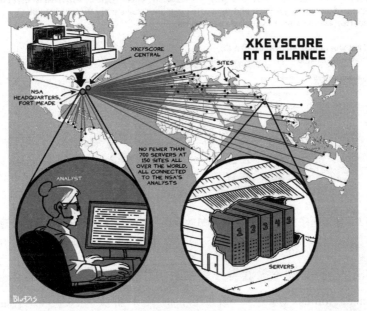

图 8 "X 关键得分"："美国国安局针对世界私人通信的谷歌式搜索引擎"②

图 8 是 Blue Delliquanti 和 David Axe 为 The Intercept 网站绘制的解释 X 关键得分项目的一览表图示。美国国安局在世界各地 150 个地方（SITES）布置了 700 多台服务器（SERVERS）。"X 关键得分中心系统"

---

① Glenn Greenwald：XKeyscore：NSA tool collects ´nearly everything a user does on the internet´ [EB/OL]. The Guardian, 2013-07-31.

② Morgan Marquis-Boire, Glenn Greenwald, Micah Lee：XKEYSCORE [EB/OL]. The Intercept, 2015-07-01.

（XKEYSCORE CENTRAL）位于美国马里兰州米德堡（FORT MEADE）国安局总部。这个系统构成了专门为安全部门服务的谷歌式搜索引擎，无孔不入地扫描世界一切私人通信。

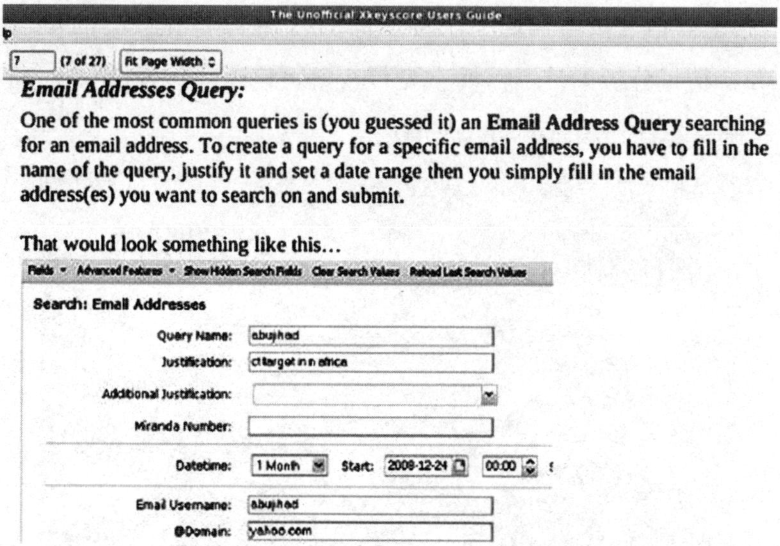

图9 监控电子邮件："只要给我邮件地址，我就能获得任何一个人的信息"

如图9所示，"X关键得分"项目可以利用电子邮件地址来进行查询（Email Address Query）。该项目的用户手册认为这是最常用的查询方式之一。情报分析人员只要在工具框里输入邮件地址、搜索理由、起止日期等信息，就可以通过一个阅读器展示邮件。

在介绍这个项目时，斯诺登曾对《卫报》记者说："只要给我邮箱地址，我坐在电脑旁便能够获得任何一个人的信息，不管是你本人还是你的会计，不管是一般民众还是联邦法官，甚至是总统。"①

除了可以监看电子邮件内容之外，情报人员还可以通过"X关键得

---

① Glenn Greenwald：XKeyscore：NSA tool collects ´nearly everything a user does on the internet´ [EB/OL]. The Guardian, 2013-07-31.

分"项目监控 Facebook 聊天和私信。通过这个项目，还可以显示某个指定网站的所有访问者的 IP 地址。幻灯片用瑞典的一个极端主义网络论坛作为例子，表示可以显示该论坛的所有访问者的 IP 地址。

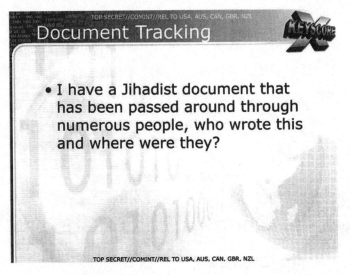

图 10 "X 关键得分"项目的魔法：魔镜，魔镜，告诉我……

"X 关键得分"项目是一片魔法森林，里面可以找到许多东西。图 10 指出"X 关键得分"可以帮助解决的问题："我拿到一个圣战恐怖主义文件，已经转手了许多人，谁写的这个文件？他们在哪里？"除了这个问题之外，在"你可以用 X 关键得分来做什么"的幻灯片材料中，还列举了下列问题：

（1）"显示所有来自伊朗的加密 word 文件"；

（2）"显示伊朗所有使用 PGP 加密的文件"；

（3）"显示所有来自伊拉克带有 MAC 地址的微软 Excel 电子数据表"；

（4）"显示 X 国所有可供我利用的设备"；

（5）"显示 X 国所有 VPN 代理服务提供商，给我提供数据，用来

解密和发现用户";

（6）"显示所有提及伊朗原子能组织（IAEO）的 word 文件";

（7）"显示所有提及本·拉登（Osama Bin Laden）的文件";

（8）"我的监控对象说德语，但人在巴基斯坦，我如何找到他？"①

从这些问题来看，"X 关键得分"项目很像白雪公主故事里的魔镜。只是在童话故事里，王后只关心谁是天下最漂亮的人，而美国国家安全局"志存高远"，关心天下所有的有用信息。

（四）"茁壮"项目（MUSCULAR）：通过英国境内光缆截取谷歌和雅虎公司的云数据

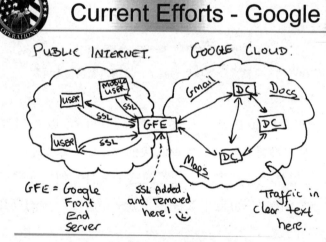

图 11　潜入雅虎和谷歌的外国数据中心，复制流经光纤电缆的所有数据流

根据《华盛顿邮报》报道，美国国家安全局的现场情报收集人员

---

① XKSCORE NSA Tool Collects 'Nearly Everything a User Does on the Internet' [EB/OL]. IC off the record，2013-07-31.

每天可以从雅虎和谷歌的内部网络攫取数百万条记录，并发送给国安局马里兰州米德堡总部的数据中心。如图 11 所示，在 2013 年 1 月 9 日之前的一个月的时间里，情报人员共发送了 9.81 亿条记录，这些记录既包括那些显示发件人和收件人的邮件元数据，也包括文本、音视频等邮件内容。[①]

美国国安局主任亚历山大（Gen. Keith Alexander）在接受媒体采访时表示："我们事实上无法进入谷歌和雅虎的服务器。"[②] 专家认为国安局实际上是在狡辩，国安局的做法跟入侵服务器并没有区别。事实上，美国国安局跟英国政府通讯总部合作，通过代码为苗壮（MUSCULAR）的项目，在流经英国境内的电信光缆上截取谷歌和雅虎公司的云数据。

图 12　苗壮监控项目拥有另外一个名称：DS-200B

---

① Barton：NSA infiltrates links to yahoo google data centers worldwide snowden documents say [EB/OL]. The Washington Post，2013-10-30.
② SEAN GALLAGHER：How the NSA's MUSCULAR tapped Google's and Yahoo's private networks [EB/OL]. Ars Technica，2013-11-01.

从 2009 年 7 月开始，英国政府通讯总部（GCHQ）就通过茁壮项目收集情报信息。当时，该项目每天可以存储 10 千兆字节（gigabytes）的信息，计划到 2013 年增长到每天 40 千兆字节，并计划最终增长到每天 100 千兆字节。

如图 12 所示，"茁壮"项目的另外一个名字叫作"DS-200B"，这个名字代表流经英国的某条光缆的拦截点，可借此收集谷歌和雅虎的云数据。"20Gbit"表示光缆可以每秒能够将多达 200 亿比特（2.5 千兆字节）的数据送进美国国安局的 TURMOIL 采集数据库。

"特殊来源"情报是美国国安局最大的情报来源。"DS-200B"属于"特殊来源"（special source）情报收集，是整个"DS-200B"接入点的分支部分。由于属于跟英国合作项目，所以这类情报还属于"第二方项目"（2nd Party programs），所有跟英国、加拿大、澳大利亚以及新西兰的合作项目都属于第二方项目。

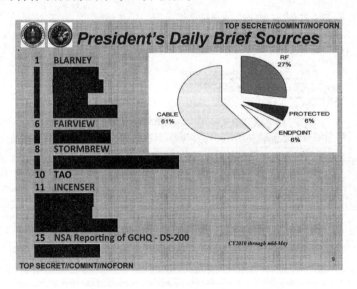

图 13　茁壮监控项目属于"光缆"（CABLE）情报的一部分

《美国总统每日简报》（*President's Daily Brief*）是从美国 16 个情报部门所获取的情报中编纂出来的首要情报产品，只有美国总统及其几个高级顾问才够级别阅读。图 13 展示了"光缆"情报（CABLE）在《美国总统每日简报》中所占据的重要地位，占比高达 61%。

在"光缆"情报中，BLARNEY、FAIRVIEW、STORMBREW 是美国国内光缆情报项目，对《美国总统每日简报》的贡献排名分别居于第 1 名、第 6 名以及第 8 名，主要跟美国电话电报公司（AT&T）、威瑞森通信服务公司（Verizon Business Services）、L-3 通信公司（L-3 Communications）等电信公司进行合作。

TAO（Tailored Access Operations）属于"获取特定情报行动办公室"，拥有具体的入侵目标，针对中国华为公司的"猎击巨人"（Shotgiant）项目便属于这个范畴，它对《美国总统每日简报》的贡献排名为第 10 位。

INCENSER 和 DS-200B 属于"光缆"情报收集活动，是跟英国政府通信总部合作开展的第二方项目。INCENSER 和 DS-200B 对《美国总统每日简报》的贡献排名分别是第 11 名和第 15 名。除了涉及互联网交通主干道的"光缆"情报之外，涉及手机和其他无线传输的"无线电频率"情报（Radio Frequency, RF）占 27%，从数据交通目的地直接收取的"终点"情报（Endpoint）占 6%（如外国政府电脑网络的路由器），"受保护"情报（Protected）类型不明。

如图 14 所示，"特别来源情报部门"（Special Source Operations）是美国情报的主体组成部分。这类情报活动主要分布在三个篮子里。一是"公司"（Corporate）类别。在这个篮子里，既包括涉及美国主要电信公司的各个项目，也包括涉及美国九大科技公司（微软、谷歌、雅虎、脸书、PalTalk、美国在线、Skype、YouTube、苹果）的"棱镜"项目。二是"外国"（Foreign）类别。在这个篮子里，美国政府跟外国政府、

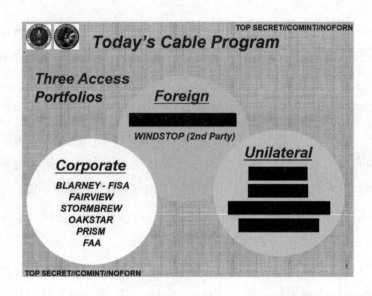

图 14 苗壮监控项目属于"外国"（Foreign）类别

电信公司在双方知情的情况下合作。监控谷歌和雅虎数据中心的"苗壮"项目属于"外国"这个篮子，属于跟英国政府和某匿名电信公司的合作项目。谷歌和雅虎公司同时还被纳入"棱镜"项目，因此还属于"公司"类别，只是在那个篮子中，它们对国安局的活动是知情的。三是"单边"（Unilateral）类别。在这个篮子里，美国政府在其他政府和电信公司不知情的情况下，攫取情报信息。从这个逻辑出发，美国入侵中国主要电信公司的行为应该属于这个类别。

总之，通过苗壮项目，我们可以看到美国情报网络的分类，该项目属于"外国"类别，属于"光缆"情报，属于"特殊来源"情报活动。通过该项目，美国国安局实际上可以得到世界上所有谷歌和雅虎邮箱用户的信息。此时回顾这两个争议事件：（1）2010 年谷歌因为几个邮箱被入侵而退出中国；（2）2002 年雅虎公司向中国安全部门提供用户师涛的电子邮箱记录。从纯技术实力的角度来看，中国和美国政府之间的差距存在天壤之别。

（五）"特等舱"项目（Stateroom）、"量子"项目（Quantum）、"玄机"项目（MYSTIC）

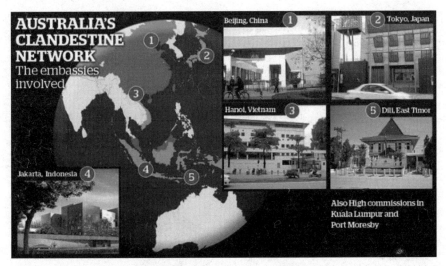

图15　"特等舱"项目：澳大利亚国防通讯处
利用驻外使馆替美国监听亚太地区的通信

2013年10月31日，澳大利亚《时代报》报道称，澳大利亚驻外使馆为美国全球间谍网络服务，利用代号为"特等舱"的监听系统，参与窃听和截取亚太地区的通信和重要数据信息。被监听的通信信息主要包括电话和短信的通信时间、通信源、通信对象，通过这些监听的信息还可以进一步捕捉到个人与商业伙伴、其他组织之间更加私密的细节。①

披露信息表明，澳大利亚最高秘密机关国防通讯处在本国大部分外交人员不知情的情况下，在使馆区暗中操纵这一秘密监控设备。这些设备非常隐蔽，可藏匿在伪装建筑物或房顶保护层中，且使馆其他工作人

---

① Philip Dorling：Revealed：How Australia spies on its neighbours［EB/OL］. The Age，2013-10-31.

员大多不了解这些设备的真正用途。如图 15 所示，这类情报收集工作主要在澳大利亚驻雅加达、曼谷、河内、北京、帝力、科伦坡和莫尔兹比港等地使馆进行。"特等舱"情报收集项目主要对全球广播、电信和互联网进行窃听。

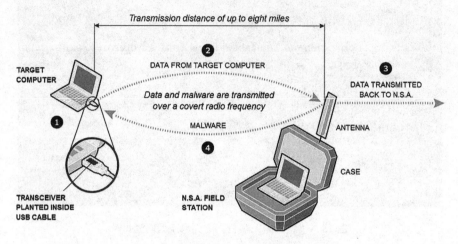

图 16 "量子"项目：利用无线电频率
监控没有连接互联网的电脑

德国《明镜》周刊回顾了一件发生在美国得克萨斯州圣安东尼奥市的趣闻。2010 年 1 月，圣安东尼奥市的许多居民一筹莫展：他们的车库门打不开了。无论多少次按下遥控开关，就是打不开车库门。车库门问题很快就成了当地政客所关心的话题。最终，美国国家安全局圣安东尼奥市分部的官员不得不承认，国安局的无线电频率与车库门遥控开关的频率相同，形成干扰。

《明镜》周刊还追溯了背景：2005 年，国安局接管了圣安东尼奥市的索尼电脑芯片厂，其中一幢厂房成了国安局的"获取特定情报行动办公室"（TAO）。TAO 设立于 1997 年，当时，互联网处于萌芽阶段，全球只有不到 2% 的人口能接触互联网。设立之初，该部门就与国安局其他部门完全隔离，而且任务明确：入侵最困难的目标。①

　　利用无线电频率来施展监控便是获取最难获取的情报所采用的手段之一。对于美国国家安全局和五角大楼来说，"最大的难题是入侵那些跟外界通信隔绝的设备"。图16描述了美国国家安全局如何利用无线电频率来渗透电脑：（1）在USB接口里面植入微型收发器，进入目标电脑。小型电路板可被装进电脑。（2）收发器跟8英里开外的手提箱大小的国安局现场站或隐蔽转播站实现通信交流。（3）现场站向国安局远程操作中心发送信息。（4）它还可以传输恶意软件，包括用于攻击伊朗核设施的那种。②

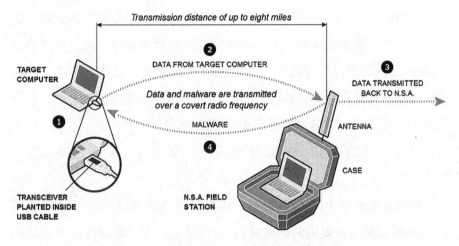

图17　"玄机"项目：让时光倒流成为可能

　　电影《大话西游》中，月光宝盒能够让时光倒流。美国国家安全局也拥有了一件能回转时间的"月光宝盒"——玄机监控项目。2014

---

① Von SPIEGEL Staff：Documents Reveal Top NSA Hacking Unit［EB/OL］. Spiegel，2013-12-29.

② DAVID E. SANGER，THOM SHANKER：NSA QUANTUM Spies with Radio Signals［EB/OL］. Cryptome，2011-01-15.

年 3 月 18 日，《华盛顿邮报》披露，美国国家安全局建立了一个电话监听系统，可以记录境外整个国家全部的电话通话，并运用一项"回溯检索"技术，可在通话发生后的一个月内回放所有的通话记录。"美国国安局秘密入侵、录制以及储存岛国巴哈马的几乎每一个手机通话。"①

如图 17 所示，除了巴哈马之外，玄机监控项目（MYSTIC）监听的国家还包括墨西哥、肯尼亚和菲律宾，另一个没有指出的国家据传为阿富汗。"玄机"项目始于 2009 年，属于"特别来源情报部门"（SSO）项目，在目标网络上安装采集系统，对外打着合法商业服务的幌子，秘密完成收集通信情报的使命。

"玄机"项目对于破获贩毒案件的确有帮助。情报人员曾经监听到有人计划将大麻毒品从墨西哥运到美国。监控对象说可以通过美国邮局运输 90 磅大麻毒品，并指出有人曾经用这种方式运过几次毒品，均没有被发觉。具体办法是在美国驻墨西哥海关官员检查完包裹之后，松开海关检查封条，放进毒品，然后再恢复原状。②

（六）"猎击巨人"项目（Shotgiant）：复制超过 1400 名华为客户的资料

中国从来就是美国国安局庞大监控网络的重点目标。2014 年 3 月 23 日，根据斯诺登提供的秘密文件，德国《明镜》周刊和美国《纽约时报》同时曝光针对中国的代号为"猎击巨人"的监控项目。该项目起始于 2005 年，名字本身充满敌意和攻击性，监控目标包括中国前国家主席胡锦涛等中国高官、中国商务部、五大国有商业银行以及包括中国移动和中国联通在内的通信公司，其中重点监控对象为华为公司。美国国家安全局特别设立的一个机构负责执行这个项目，侵入华为的内部

---

① DEVEREAUX R, GREENWALD G, POITRAS L: The NSA is recording every cell phone call in the bahamas［EB/OL］. The Intercept, 2014-05-20.

② Ryan Devereaux: SSO Whats New［EB/OL］. The Intercept, 2014-10-11.

网络系统，窃取了约 1400 名客户的资料、华为公司培训其工程师的内部材料等。

图18　"猎击巨人"项目："对美国信息基础设施的全球网络威胁"

根据图 18，美国国安局监控华为的原因是：（1）许多监控目标使用华为产品进行交流；（2）华为产品的设计、部署和市场扩张影响（美国）入侵通信网络；（3）对美国信息基础设施的全球网络威胁：国际公司和外国个体在美国信息技术供应链和服务中所起的作用日益突出，这种现象有可能演变成持久的、隐形的破坏。美国国安局在这里使用的逻辑便是：华为公司的发展壮大本身便是对美国的安全威胁，甚至任何外国公司都是如此。

图 19 是美国对华为总裁任正非和董事长孙亚芳做社会网络分析，依据是两人的邮件联系人。这大概印证了美国对华为的第二种逻辑：美国认为中国华为跟美国思科、威瑞康等主要电信公司一样，属于中国"数字铁三角"的一个重要环节。这种措辞最早来自美国空军委托兰德

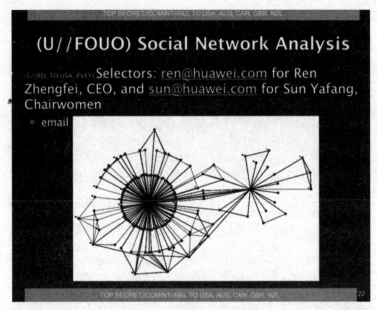

图19 "猎击巨人"项目：对华为总裁任正非和董事长孙亚芳做社会网络分析

公司所做的一个报告，该报告总结认为中国存在"数字铁三角"，由"中国军方、国家研究团队以及华为等公司"组成。

美国国安局分析任正非和孙亚芳的邮件联络信息，估计是想检验兰德公司的结论。但是，美国从来没有宣布找到任何这方面的证据。美国这种论证方式最有趣的地方，就是美国军方、兰德公司、美国电信公司实际上已经组合成了"数字铁三角"或者网络军工复合体，这个利益集团自己出面论证这种模式的危害，鲜明地体现出"以小人之心度君子之腹"的逻辑。不管如何，正如"猎击巨人"这个名字所示，美国军工复合体利益集团显然劫持了美国政府，在全球范围内展开了针对华为公司的打击行动，不仅以莫须有的罪名将华为公司挡在美国市场之外，还阻止了华为公司参加澳大利亚宽带网络的竞标，以及不允许华为参加韩国电信网络的建设。

（七）监听 122 位国家领导人、"老鹰哨兵"项目（Sentry Eagle）以及"悬浮"项目（Levitation）

TOP SECRET//COMINT//REL TO USA, AUS, CAN, GBR, NZL//20320108

Machine vs. Manual Chief-of-State Citations

		Nymrod (machine-extracted) Citations			Last TKB Manual Update
	Name	Role	Code	Cites	
1	Abdullah Badawi	Malaysian Prime Minister	COS	> 100	10/15/2007
2	Abdullahi Yusuf	Somali President	COS	> 300	N/A
3	Abu Mazin	(Mahmud 'Abbas) PA President	COS	> 200	5/20/2009
4	Alan Garcia	Peruvian President	COS	> 100	N/A
5	Aleksandr Lukashenko	Belarusian President	COS	> 60	N/A
6	Alvaro Colom	Guatemalan President	COS	> 200	N/A
7	Alvaro Uribe	Colombian President	COS	> 700	N/A
8	Amadou Toumani Toure	Malian President	COS	> 60	N/A
9	Angela Merkel	German Chancellor	COS	> 300	N/A
10	Bashar al-Asad	Syrian President	COS	> 800	N/A
...	...	...	...	...	...
122	Yuliya Tymoshenko	Ukrainian Prime Minister	COS	> 200	N/A

TOP SECRET//COMINT//REL TO USA, AUS, CAN, GBR, NZL//20320108

图 20 监听 122 位国家领导人：从 A 到 Z 构成的姓名数据库

2014 年 3 月 29 日，德国《明镜》周刊披露了美国国安局内容提取中心（Center for Content Extraction）的一份内部报告。该报告包括一个名为"目标人物资料"（Target Knowledge Database）数据库，主要记录了美国国安局 2009 年对全球 122 名外国领导人实施监控的具体名单，及其拦截的关于这些领导人的全部通讯资料。这份名单按照从 A 到 Z 字母表的顺序排列，以各国领导人名首字母为准，进行排序。

如图 20 所示，在 A 字母名下，有马来西亚前总理阿卜杜拉·巴达维（Abdullah Badawi），以及秘鲁、索马里、危地马拉、哥伦比亚、白俄罗斯等国家最高领导人；排名第 122 位是时任乌克兰总理季莫申科（Yulia Tymoshenko）。名单中还包括玻利维亚总统埃沃·莫拉莱斯、朝鲜前领导人金正日、韩国前总统李明博、伊朗前总统马哈茂德·内贾德、智利总统米歇尔·巴切莱特、利比亚前最高领导人奥马尔·卡扎菲、法国前总统尼古拉·萨科齐、越南前越共中央总书记农德孟、哈萨克斯坦总统纳扎尔巴耶夫、古巴主席劳尔·卡斯特罗、意大利前总统贝卢斯科尼、日本副首相麻生太郎以及俄罗斯总统弗拉基米尔·普京等。

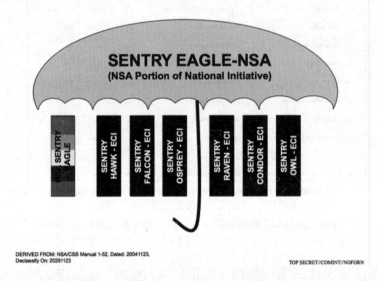

图 21　"老鹰哨兵"项目（Sentry Eagle）：美国国安局执行多年的监控计划

2014 年 10 月 10 日，The Intercept 网站刊登了斯诺登提供的一份文件，披露了美国国家安全局在中国、德国、韩国等多个国家派驻间谍，通过物理破坏手段损毁、入侵网络设备，甚至在商业领域安插卧底。美国还通过"人力情报"项目（Humint）以"定点袭击"（Target Exploitation）方式挖取机密，中国、韩国和德国是"定点袭击"的主要目标。

美国甚至在北京设置了"定点袭击前哨站"。"定点袭击"项目事实上隶属于一个规模庞大的"老鹰哨兵"(Sentry Eagle)监控项目。

"老鹰哨兵"项目像一把雨伞,既具有概览性,又有明确职能分工,涉及国土安全部、国防部、国安局三部门。如图21所示,在国安局,它共包括6个子项目:鹰哨(Sentry Hawk)、猎鹰哨(Sentry Falcon)、鱼鹰哨(Sentry Osprey)、乌鸦哨(Sentry Raven)、秃鹫哨(Sentry Condor)和猫头鹰哨(Sentry Owl)。各自职能分别是网络间谍、网络防御、跨情报系统合作、破解加密系统、网络操作与袭击,以及私企合作。从这个意义上看,老鹰哨兵是一个顶级协调项目,旨在建立一个横跨所有界面——"国家安全系统、军事系统、情报系统、联邦政府系统、关键基础设施系统以及美国其他系统(企业、学界、公民)"的网络空间协调平台。①

TOP SECRET//SI//REL CAN, AUS, GBR, NZL, USA

FFU Events Collection

ATOMIC BANJO (Special Source) is collecting HTTP metadata for 102 known FFU sites.

We see about 10-15 million FFU events per day
All the FFU Events are available thru OLYMPIA

图22 "悬浮"项目(Levitation):加拿大监控全球102个文件分享网站

---

① National Initiative Protection Program — Sentry Eagle [EB/OL]. The Intercept, 2013-04-18.

2015 年 1 月 27 日，根据斯诺登提供的文件，加拿大广播公司揭露加拿大通信安全局（Communications Security Establishment Canada, CSEC）代号为"悬浮"（Levitation）的监控项目，指出 CSEC 每天会对全球民众上传和下载至互联网的文件实施秘密拦截并展开分析，以分辨其中是否有和极端主义线索及犯罪嫌疑人有关的内容。受监控的国家范围十分广泛，其中包括加拿大的盟友和贸易伙伴，如美国、英国、巴西、德国、西班牙和葡萄牙。

"悬浮"监控项目的工作重点是电子监控，它就像一部巨大的 X 光设备，扫描全球民众在网络上的文件分享活动。如图 22 所示，该项目的主要工作是获取诸如 Send Space、RAPIDSHARE、MEGAUPLOAD 在内的全球 102 个免费文件分享网站的数据，以监控来自欧洲、中东、北美、北非等地区的包括图片、视频、音频和其他内容在内的上传和下载文件，每天可截取、存档并分析 1000 万份到 1500 万份资料。[①]

2018 年 3 月 20 日，根据斯诺登曝光的一系列绝密文件，The Intercept 披露了美国秘密监控比特币用户的行为。NSA 主要通过两种途径收集此类信息：一是 NSA 自身对全球互联网原始信息的收集处理，二是通过 Monkeyrocket 软件程序收集。

代号为"猴子火箭"的项目是"橡星"（Oakstar）项目的子项目。"橡星"项目旨在与众多企业建立秘密伙伴关系，从而通过企业获取信息，监控通信。其中的"猴子火箭"项目是一个专门针对比特币的项目。如图 23 所示，截至 2013 年，该项目已从中东、欧洲、南美、亚洲等地区收集大量信息。猴子火箭是一款为用户提供匿名服务的网络软件，于 2012 年夏天上线。软件用户主要来自伊朗和中国。NSA 曾表示该软件将用于反恐和打击国际犯罪，但斯诺登提供的文件却显示，这个

---

① Levitation and the FFU hypothesis ［EB/OL］. https：//s3. amazonaws. com/s3. documentcloud. org/documents/1510163/cse-presentation-on-the-levitation-project. pdf

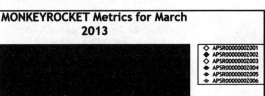

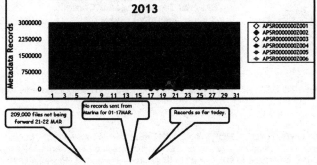

图 23　"猴子火箭"项目（Monkeyrocket）：NSA 监视比特币用户

软件已经成为 NSA 吸引比特币用户的诱饵。"表面看上去，用户获得了
在线匿名服务，但实际上该软件转手就将用户信息传送给 NSA。"①
2013 年 NSA 备忘录显示，项目收集的信息包括密码信息、网页浏览记
录、MAC 地址（可以用来定位设备）、账单信息和 IP 地址等，所以比
特币买卖双方的身份和地址在 NSA 面前根本不是秘密。

---

① 　Sam Biddle：The NSA worked to "track down" bitcoin users, snowden documents reveal
　　［EB/OL］. The Intercept，2018-03-20.

TOP SECRET//COMINT//REL TO USA, NOR

National Security Agency/Central　　17 April 2013
Security Service

Information Paper

(S//REL TO USA, NOR) Subject: NSA Intelligence Relationship with Norway

(U)　Introduction

(TS//SI//REL TO USA, NOR) The SIGINT relationship between the National Security Agency (NSA) and the Norwegian Intelligence Service (NIS) began informally in 1952, and was formalized in 1954 when both services signed the Norway – United States of America (NORUSA) SIGINT agreement.　Subsequent additions included the exchange of FISINT and Space Collection in 1963, ELINT in 1970, and PROFORMA and COMINT Technical Extracts of Signals in 1994.　While NIS produces all-source reports combining SIGINT, IMINT, HUMINT, ACINT, RADINT and TELINT, the strength of the service remains its SIGINT capabilities against principally Russian targets.　Over time, the NIS has expanded its customer base within the Norwegian government and has acquired new systems that can access INMARSAT, FORNSAT and microwave transmissions. This expansion has permitted NIS to respond to new national-level transnational requirements specific to terrorism, nuclear proliferation, and environmental issues.　NIS has also deployed tactical intelligence systems and SIGINT personnel to support Norwegian and coalition forces in Afghanistan.

(U)　Key Issues

- (TS//SI//REL TO USA, NOR) Modernization – NSA and NIS are beginning to collaborate on modernizing the Norwegian SIGINT service's end-to-end collection and processing capabilities. The main focus will be to address a request from the partner for advice on coping with the growing volumes of SIGINT data they are able to access. The overarching goal of this interaction is to maximize mission benefit of NIS accesses by enabling the partner to exploit those accesses more effectively from an analytic perspective. NSA is prepared to advise NIS on technology investments they can make over the next five years. NIS has received a four-fold increase (approximately US$100M) in their budget to support this effort.
- (TS//SI//REL TO USA, NOR) On 7 March 2013, NSA and NIS completed their annual Strategic Planning Conference.　NIS specifically requested strategic discussions on several technical issues including cable access, deployed sensors, CLOUD computing and FORNSAT modernization. High level

Derived From: NSA/CSSM 1-52
Dated: 20070108
Declassify On: 20340501

TOP SECRET//COMINT//REL TO USA, NOR

图 24　"胜利花园"项目（VICTORY GARDEN）：NSA 秘密监控挪威民众

2018 年 3 月 1 日，The Intercept 和挪威广播公司（NRK）联手曝光 NSA 借助与挪威情报部门的合作，秘密监控挪威民众。如图 24 所示，美国与挪威早在 20 世纪 50 年代初，就开始开展军事情报合作，双方一直合作紧密。21 世纪初，NSA 协助挪威在挪威首都附近建立了代号为"胜利花园"的监控基地，此后秘密开展监控活动。

2001 年，挪威向 NSA 请求购买外国卫星监控技术 FORNSAT，两年后美国向挪威提供了 4 根专业天线，建成"胜利花园"基地。挪威情报机构说这个基地可以为挪威军队海外行动提供帮助，还能协助打击恐怖主义。但挪威情报部门一直对基地讳莫如深，从未提及基地会监控普通民众。斯诺登文件揭露，基地可以接收 130 颗外国卫星，获取途经这些卫星的所有通信信息。除收集阿富汗、叙利亚和伊拉克等国的信息外，"胜利花园"基地一直在监视挪威普通民众，秘密收集民众的通话和邮件信息，尤其是与外国人的通信。①

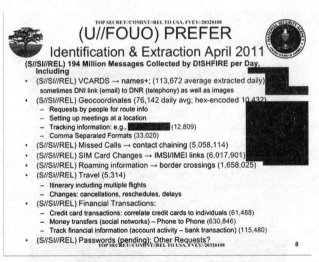

图 25　"碟火"项目（Dishfire）：NSA 每日收集上亿条短信

---

① Henrik Moltke：norway used nsa technology for potentially illegal spying［EB/OL］. The Intercept，2018-03-02.

2014 年 1 月 16 日，根据斯诺登曝光的文件，英国《卫报》在与第四新闻频道展开合作调查后，披露了 NSA 的"碟火"（Dishfire）全球监控项目。"碟火"项目无差别地收集全球的短信信息，包括收发人信息、发送地址、发送时间和短信内容等。图 25 详细讲述了如何通过短信，推断出其他信息，比如，可以通过联系人簿了解用户的关系网，通过漫游费短信推测跨境情况，通过短信内容了解交易情况等。NSA 会删减来自本国用户的信息，但对于来自美国盟友国的信息，NSA 不做任何删减处理。除了将收集到的信息储存到数据库外，NSA 还使用 Prefer 程序对信息进行自动分析。

"碟火"项目收集到的数据数量非常庞大，所以被形容为"收集到几乎能收集的一切"。"碟火"项目平均每天：

- 从 7.6 万多条信息中收集地理位置信息
- 从电子名片中收集超过 11 万个姓名
- 收集超过 80 万条交易记录
- 从全世界收集近 2 亿条短信①

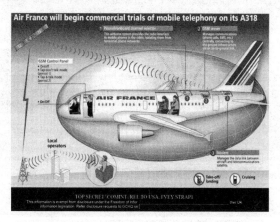

图 26 英美截取飞机上乘客的电话信息

---

① BALL J. NSA collects millions of text messages daily in "untargeted" global sweep ［EB/OL］. The Guardian，2011-01-16.

2016 年 12 月 7 日，《法国世界报》（*Le Monde*）和 The Intercept 合作报道，揭秘英美监听飞机乘客电话的行为。虽然仍有很多航班禁止使用手机，但英国政府通讯总部（GCHQ）说，到 2012 年，有 27 家航空公司允许乘客在飞机上使用手机。截至 2009 年 2 月，NSA 已经收集到约 10 万用户的信息。英美喜欢用鸟来命名此类飞机监听项目，如美国的"喜鹊"项目（Thieving Magpie）和英国的"信鸽"项目（Homing Pigeon）。2012 年，GCHQ 曾透露一个名为"南风"（Southwinds）的程序，这个程序可以用来收集商业航空飞机上乘客的电话信息。①

只要满足一个要求就可以进行机上电话监听：飞机保持在 1 万英尺以上高度。这样乘客使用电话时，信号会通过卫星，地面基地就可以收集信号。如图 26 所示，用户的位置信息在拨打电话时就已暴露，情报部门利用位置信息可以确定航班号。将手机信号与乘客名单相对应，最终可以确定拨打电话的人员身份。英国情报部门甚至可以干扰手机运行，强制用户重新输入身份码，从而获取更多信息。这种飞机上的电话监听行为早在 2005 年就已开始，至少到 2012 年仍在继续。

TOP SECRET//COMINT//NOFORN
RAMPART A

(TS//SI//NF) Unconventional special access program leveraging Third Party partnerships:

· *High-capacity international fiber transiting major congestion points around the world*

· *Foreign Partners provide access to cables and host U.S. equipment*

· *U.S. provides equipment for transport, processing and analysis*

· *No U.S. collection by Partner and No Host Country collection by U.S. – there ARE exceptions!*

· *Shared tasking and collection*

TOP SECRET//COMINT//NOFORN

图 27　"堡垒-A"项目（RAMPART-A）：NSA 接入他国光缆收集信息

---

① FOLLOROU J, MONDE L. American and british spy agencies targeted in-flight mobile phone use [EB/OL]. The Intercept, 2016-12-07.

2014 年 6 月 19 日，The Intercept 曝光了美国代号为"堡垒-A"的监控项目。如图 27 所示，在情报领域，美国不光与"五眼联盟"中其他国家密切合作，还努力寻求一些第三方伙伴。"堡垒-A"项目就是指美国与第三方伙伴签订光缆接入协议，通过别国光缆收集信息，增强美国在全球范围内收集信息的能力。所收集信息包括电话、传真、邮件、网络聊天记录等。

斯诺登曝光的文件中称，这些新伙伴身份隐蔽，它们与美国达成协议，秘密允许美国将监控设备安装到自己的光缆上。"堡垒-A"项目扩展迅速，仅 2011 年到 2013 年就花费 1.7 亿美元。曝光的秘密文件称，在 2013 年时，美国至少建立了 13 个"堡垒-A"站点，其中 9 个正在运行。最大的 3 个站点分别叫 AZUREPHOENIX、SPINNERET 和 MOONLIGHTPATH，可以从 70 种不同光缆或网络中挖掘数据。

虽然斯诺登曝光的文件没有直接披露第三方伙伴名单和站点位置，但文件推论丹麦和德国属于第三方伙伴国家。第三方伙伴国家在与美国签订接入协议时一般会约定，互不监控对方国家。但斯诺登说，这种协议实际上给美国留了漏洞可钻。假设德国和丹麦分别与美国签订协议，而两国恰好又在同一条电缆上，那美国就可以在德国电缆上监控丹麦，在丹麦电缆上监控德国，最大获益者仍是美国。①

---

① GALLAGHER R. How secret partners expand NSA's surveillance dragnet [EB/OL]. The Intercept，2014-06-19.

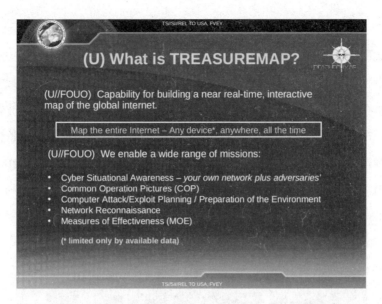

图 28 "藏宝图"项目（Treasure Map）：绘制互联网地图

2013 年 11 月 23 日，《纽约时报》曝光了 NSA 的"藏宝图"项目。这个项目旨在绘制互联网地图，所以又称"互联网中的谷歌地球"。绘制地图需要确定各个设备的位置信息，既包括设备的地理位置信息，也包括设备在互联网数据流动中的位置（网络拓扑结构中的位置）。斯诺登曝光的文件显示，"藏宝图"项目每天可以收集 3000 万到 5000 万条地址信息。但美国官员解释说，每天互联网上有几十亿条相关信息，项目收集的远少于这个数值，所以这个项目是用来理解互联网结构，而非监控数据。然而，2014 年 9 月 14 日，德国《明镜》周刊进一步披露，"藏宝图"项目实际覆盖的范围比想象的大得多，而且这一项目已经秘密接入德国电信网络，"藏宝图"项目就是美国伙同个别盟友进行的监控项目。①

如图 28 所示，"藏宝图"项目相关文件中多次出现"描绘全球互联

---

① POITRAS L, ROSENBACH M, SONTHEIMER M, et, al. The NSA Breach of Telekom and Other German Firms［EB/OL］. Spiegel，2014-09-14.

网"的字眼，这不仅仅是一句口号。"藏宝图"项目所收集的信息不仅包括来自大型数据通道——通信电缆的信息，还包括来自私人移动终端——手机、电脑和笔记本上的数据信息。如果将全球互联网比作一棵大树，那这个项目在描绘主要枝干的同时，也关注到每片树叶。这样一个互联网地图可以在情报收集和网络战方面发挥重要作用。地图可以确定重要设备位置，方便情报部门为它植入病毒软件以获取信息。同时，借助地图，美国可以在网络攻击中实现精准打击或者有效预防敌方发起的网络攻击。

图 29　AT&T 大厦（TITANPOINTE）：隐藏在纽约的监控中心

　　2016 年 11 月 17 日，The Intercept 披露说，位于纽约市中心的AT&T 大厦名义上归美国电话电报公司（AT&T）所有，实际上是 NSA的监控基地。大厦是在一个代号为 Project X 的项目中兴建的，于 1974年落成。这座大厦共 29 层，表面没有窗户，墙体坚固到可以抵御核弹攻击。虽然早有报道揭露 AT&T 与 NSA 之间存在合作，但在结合斯诺登曝光的 NSA 内部文件和 AT&T 前雇员采访后，The Intercept 才认定这座大厦就是 NSA 项目中代号为 Titanpointe 的监控中心，如图 29 所示。

　　这个监控中心主要涉及两个监控项目：Blarney 和 Skidrowe。代号为

Blarney 的项目成立于 20 世纪 70 年代初期，但至少到 2003 年中期，Blarney 项目仍是 NSA 关键监控项目之一，而这座大厦就是 Blarney 项目的三大核心监控点之一。"Blarney 项目监控的信息包括国际长途电话、传真、网络语音、视频会议等，涉及电话监听，也涉及互联网信息监控。"①电话监听是通过大厦内的交换机实现的，而互联网信息是通过 NSA 放置在大厦安全房中的收集设备捕获的。这种设备可以接入与 AT&T 有合作的网络中，从而收集信息，经过处理后传送给 NSA。在大厦的楼顶可以看到有白色碟状天线，这与代号为 Skidrowe 的项目有关。这个项目可以截取卫星通信信号，包括通过卫星传输的互联网用户信息。

这个监控基地的监控范围非常广，既包括联合国、国际货币基金组织、世界银行等国际组织，还涉及至少 38 个不同的国家，其中不乏意大利、日本、法国、德国等美国盟友。

---

① GALLAGHER R，MOLTKE H．Titanpointe［EB/OL］．The Intercept，2016-11-17.

第四章

中美网络安全争议

　　美国之所以提出中国网络安全威胁论，并将网络安全问题屡次纳入中美两国最高领导人会晤议程，重要原因和背景是"网络军工复合体"在奥巴马执政期间的崛起。及至特朗普任期，中美贸易战燃烧到数字经济领域，美国把互联网问题全面政治化、意识形态化，互联网分裂的风险激增。

　　本章首先回顾了习近平当选国家主席以来与美国时任总统奥巴马讨论网络安全问题的四个重要时刻和阶段：（1）美国进攻、中国防守；（2）世界各国进攻、美国防守；（3）中美短兵相接；（4）中美外交休战。

　　本章然后分析了美国情报承包商、强硬派智库、传统军工承包商以及他们跟美国国会之间的关系，论证网络军工复合体（Cyber Military Industrial Complex）在美国的崛起。这个崭新的利益集团是美国传统军工复合体所确立的新的增长点，是美国军工版本的"互联网+"。树立并巩固中国这个网络空间的假想敌，是这个集团存在的理论基础。出于跟传统空间同样的原因，"中国黑客威胁论"在美国已经呈现出体制化、不可逆的迹象。

　　本章最后介绍了特朗普任期贸易战如何燃烧到数字领域，最终拉开了中美"数字冷战"的序幕。

一、中美两国最高领导人讨论网络安全问题的四个重要时刻

（一）第一阶段

2013 年 3 月 14 日是中美两国最高领导人讨论网络安全问题的第一个重要时刻，中美网络安全争议从此开启美国进攻、中国防守的第一阶段。

　　今天，奥巴马总统给习近平主席打电话，祝贺他当选国家主席，并讨论中美关系的未来。奥巴马总统强调，他将继续促进切实合作，应对亚洲和世界面临的最紧迫的经济和安全挑战。双方领导人都认为，定期进行高层联络有助于扩大合作和协调。

　　奥巴马总统表示，财政部长雅各布·卢下周将访问中国，国务卿克里也将在其亚洲之行中访问中国。奥巴马总统强调，朝鲜核项目和导弹项目给美国及其盟友以及本地区造成了威胁，表示需要跟中国进行紧密合作，确保朝鲜履行其无核化承诺。

　　奥巴马表示赞赏中国在 20 国集团中做出关于实施更加灵活汇率的承诺，他强调中美一起合作扩展贸易和投资机遇的重要性，他还强调处理知识产权保护等问题的重要性。在通话中，奥巴马总统强调处理网络安全威胁的重要性，表示这是双方的共同挑战。两国领导人同意保持经常的、直接的交流。①

中美网络安全争议升级的时间恰逢习近平当选国家主席（2013 年 3 月 14 日）以及美国总统奥巴马连任成功（2013 年 1 月 21 日）。上面这

---

① The White House Office of the Press Secretary. Readout of the President's Phone Call with Chinese President Xi Jinping [EB/OL]. Obama White House, 2013-03-14.

段文字是美国白宫概括的关于美国总统奥巴马祝贺习近平当选国家主席的通话内容。

这段通话涉及朝鲜、汇率、知识产权以及网络安全四个问题。前三个问题诚然极其重要，却属于中美高层经常谈及的议题；网络安全议题是美国总统奥巴马送给习近平主席的"新礼物"，是这段平淡无奇的文字中蕴藏着的惊涛骇浪，也同时是奥巴马政府对华开辟的新战线：网络安全。

正是在这段通话中，奥巴马将网络安全问题提升到两国政治的最高层面，成为习近平担任国家主席之后在外事领域所遇到的第一个挑战，其热度持续至今，不仅丝毫不减，反而持续燃烧升温。在这次通话中提及网络安全是美国政府长期酝酿、积累的结果。美国为了这个时刻已经做了大量的铺垫，至少涵盖在此前一个多月时间里发生的六个事件，列举如下：

（1）2013 年 2 月 12 日，奥巴马签署《加强关键基础设施网络安全》13636 号行政命令，表示"针对美国关键基础设施的网络威胁不断增长，网络安全成为必须面对的严重国家安全挑战之一"。①同日，奥巴马发表国情咨文报告，指责"外国及外企"偷窃美国企业信息，并试图破坏电网、金融体系以及航空运输，要求美国国会加强立法，重视网络安全。"美国必须面对迅速增长的网络攻击威胁。我们知道黑客盗窃民众的身份信息、破解私人电邮。我们知道外国以及外企偷窃我们的企业机密。现在，我们的敌人正在寻求获得足以破坏我们的电网、金融机构、航空控制系统的实力，我们不能无视这些对我们安全和经济的现实

---

① The White House Office of the Press Secretary. Executive Order——Improving Critical Infrastructure Cybersecurity ［EB/OL］. Obama White House，2013-02-12.

威胁。"① 奥巴马签署网络安全行政命令并发表国情咨文报告之后，关于网络安全威胁的讨论节奏骤然提速，成为奥巴马第二任期的首推议题，污蔑中国的鼓点也随之越敲越密。

（2）2013 年 2 月 19 日，曼迪昂特网络安全公司配合白宫发布了《曼迪昂特报告》，宣布位于上海浦东新区的解放军 61398 部队为黑客部队——APT1。"我们有证据表明，自从 2006 年以来，APT1 从至少 141 家机构那里盗窃了几百 TB 资料，涉及 20 类主要产业……包括受害组织的技术蓝图、受保护的制作工艺、测试结果、商业计划、定价文件、合伙协议、邮件以及联系人名单。"② 曼迪昂特公司的主管是前任五角大楼网络安全调查员凯文·曼迪昂（Kevin Mandia）。《曼迪昂特报告》为美国政府采取后续行动铺路搭桥。

（3）2013 年 2 月 20 日，美国商务部、国防部、国土安全部、司法部、国务院、财政部、国家情报总监办公室以及贸易代表办公室八个部门联合撰写并公布《旨在抵制盗窃美国商业机密的行政战略》。该战略事无巨细地列举了不少涉及中国的案例，并得出结论："中国行为主体是世界上最活跃、最持续的经济间谍犯罪实施者。"③ 美国司法部长霍德（Eric Holder）在发言时强调该部门从 2001 年到 2011 年间共审判 100 多例商业机密盗窃案、6 例经济间谍案。他同时引述安全专家的话说："对于美国大企业来说，商业机密盗窃的受害者只有两类：那些知

---

① OBAMA B. President Barack Obama State of the Union 2013 speech ［EB/OL］. Politico，2013-02-12.

② Benjamin Wittes：Mandiant Report on " APT1" ［EB/OL］. Lawfare，2013-02-20.

③ A dministr ation str ategy on mitigating the theft of u. s. trade secrets ［EB/OL］. 2013-02，https：//obamawhitehouse. archives. gov/sites/default/files/omb/IPEC/admin _ strategy_ on_ mitigating_ the_ theft_ of_ u. s. _ trade_ secrets. pdf.

道它们是受害者的和那些还不知道它们是受害者的。"①

（4）2013 年 2 月 25 日—3 月 1 日，RSA 公司②安全大会在美国旧金山召开。美国强硬智库"战略与国际问题研究中心"（Center for Strategic & International Studies）"网络鹰派"代表人物刘易斯（James A. Lewis）、白宫网络安全协调人丹尼尔（Michael Daniel）主持分论坛，介绍美国白宫、五角大楼以及国会在这个领域展示出来的新动向。美国Crowdstrike 网络安全公司联合创始人/首席技术官阿尔普洛维奇（Dmitri Alperovitch）和首席执行官库尔茨（George Kurtz）主持"曝光中国人民解放军版本黑客攻击"分论坛以及冠以同样名称的视频展示论坛。美国前国务卿赖斯（Condoleezza Rice）在会上强调用传统的方式防御境外网络攻击没有效果，表示当务之急是美国政府和业界建立新规范来分享信息。③ 中国华为公司作为参展商饱受会场反华情绪的波及。

（5）2013 年 3 月 11 日，奥巴马总统的国家安全顾问多尼伦（Thomas Donilon）在纽约亚洲协会发表演讲，他首先阐释了美国的"亚太再平衡政策"，表示该政策就是"要动用军事、政治、贸易、投资、价值观等所有美国力量"。然后，他表示中国黑客攻击问题已经成为包括美国总统在内的所有各级政府关注的问题。"美国将竭尽全力保护国家网络、关键基础设施以及有价值的公司财产。"他向中国提出三个要求：①我们需要中方认识到这个问题的迫切性和广泛性，认识到它给国际贸易、中国产业、整体关系带来的危害。②北京应该做出重大举措来调查并停止这些活动。③中方需要跟我们开展建设性的直接对话，

---

① HOLDER E. Attorney General Eric Holder Speaks at the Administration Trade Secret Strategy Rollout［EB/OL］. The US department of justice，2013-02-20.

② 该公司以三个创始人 Rivest、Shamir、Adleman 的名字命名。

③ http：//www. rsaconference. com/events/us13/agenda/sessions/198/hacking - exposed - pla-edition

建立网络空间中可接受的行为规范。①

（6）2013 年 3 月 13 日，奥巴马在接受美国广播公司采访时含沙射影，暗指中国政府发动对美国基础设施展开黑客攻击，并表示民主、共和两党在此议题上立场日益接近。同日，奥巴马在白宫会见了受邀前来的 13 位首席执行官，具体公司包括埃克森美孚、美国电话电报、诺斯洛普·格鲁门、美国银行、摩根大通、美国电力、施乐、马拉松石油、霍尼韦尔、联合包裹服务、ITT Exelis、西门子以及边境通信，共同讨论了对网络安全日益增加的担忧，奥巴马继续为国会施加舆论压力，要求推动网络安全立法和批准财政支持。

这一连串的行动被当日的《外交政策》网站称为 "网络安全大恐慌"（the great cyberscare）。② 正是在这个背景下，2013 年 3 月 14 日，奥巴马给中国国家领导人习近平打电话祝贺其当选国家主席，借机将网络安全问题上升到外交最高层面。在此后的三个月中，中美网络安全争议按照美国设定的轨道进行：美国进攻，中国防守。这构成了网络安全争议的第一阶段。

（二）第二阶段

2013 年 6 月 5 日是中美两国最高领导人讨论网络安全问题的第二个重要时刻，因为斯诺登泄密事件，网络安全议题从此脱离了美国的掌控，进入世界各国进攻、美国防守的第二阶段。

人算不如天算。2013 年 6 月 5 日，斯诺登曝光美国国家安全局（National Security Bureau）"棱镜" 监控项目（PRISM），掀开了美国大规模监控全球通信的冰山一角，打断了奥巴马政府设定的政治进程，让

---

① DONILON T. Remarks By Tom Donilon, National Security Advisor to the President: "The United States and the Asia-Pacific in 2013" [EB/OL]. Obama White House, 2013-03-11.

② RID T. The Great Cyberscare [EB/OL]. Foreign Policy, 2013-03-13.

全球公众和媒体意识到，反而是美国滥用自身互联网垄断地位，将美国自身监控全球通信的故事脚本栽赃到中国身上，美国对中国的指控就像"回旋镖"一样打回到了美国政府自己身上。

巧合的是，斯诺登曝光美国监控项目的时机恰逢中国国家主席习近平即将同美国总统奥巴马在加州安纳伯格庄园举行会晤的关键时刻。因此，2013 年 6 月 5 日是中美两国最高领导人讨论网络安全问题的第二个关键时刻。在这个时刻，中美两国攻守局面实现大反转。

此前，网络安全被西方媒体定义为这次会晤的首要议题。美国已经进行了大量的动员和舆论铺垫，准备对中国"兴师问罪"。然而，谁都没有预料到，美国所面临的形势在这个顶峰时刻急转而下，之前生硬积攒的舆论优势土崩瓦解，奥巴马当局从此陷入连绵不断的麻烦，关于网络安全的辩论进入世界各国挑战美国的阶段。

斯诺登并没有一下子全盘托出美国所有的监控行为，而是如同此前的维基解密事件一样，设计了一连串持续的、有技巧的曝光活动。除了"棱镜"项目之外，在接下来两年多的时间里，斯诺登爆出多个监控项目：针对移动设备每天收集 50 亿条手机记录的"移动风暴"（Mobile Surge）项目，针对不联网计算机的"量子"（Quantum）项目，针对文件分享网站的"悬浮"（Levitation）项目，针对光纤电缆数据流的"苗壮"（Muscular）项目，针对中国企业和领导人的"猎击巨人"（Shotgiant）项目以及拥有电话通话回溯功能的"玄机"（Mystic）项目，等等。

（三）第三阶段

2014 年 3 月 24 日是中美两国最高领导人讨论网络安全问题的第三个重要时刻，网络安全外交经历了短暂的中国主动进攻阶段之后，美国马上进行了反击，中美在网络安全方面的矛盾全面升级，这个短兵相接的对峙阶段可以被归纳为第三阶段。

2014 年 3 月 24 日，国家主席习近平在荷兰海牙会见美国总统奥巴马，质问美国为什么监控中国公司和前国家领导人。奥巴马总统不顾事实真相，辩解称美国的监视计划是为国家安全，而不是为商业利益服务，并向习近平主席保证"美国政府不从事工业间谍活动"。

奥巴马总统的说辞只是美国已有谎言的更新版本，是美国官方的新口径。工业间谍活动从来就是美国国安局的重要使命。该机构曾经利用"大橡树"代码专门监控欧盟竞争事务委员会专员阿尔穆尼亚（Joaquin Almunia），而那时欧盟正对美国谷歌公司进行垄断调查。

巴西总统罗塞夫（Dilma Rousseff）直接指出，美国国安局监控巴西国营石油公司（Petrobras）属于纯粹的商业间谍行为。中国商务部、华为公司、中国电信、清华大学等更是屡遭美国官方黑客入侵。更何况，世界各国最高领导人的通信都是本国的政治和经济心脏，美国国安局对世界各国领导人的监控实际上是比工业间谍更为恶劣的行径。

世界各国越是挑战美国，美国越是挑战中国。为了扭转斯诺登泄密事件造成的全球被动局面，美国不退反进，再次升级了中美网络安全争议。2014 年 5 月 19 日，美国起诉五名中国军官，中美两国在网络安全争议问题上进入短兵相接的对峙阶段。即便美国的指控属实，中国跟美国政府盗窃全世界的行为相比，也存在巨大落差。

作为回应，2014 年 5 月 26 日，中国互联网新闻研究中心发布《美国全球监听行动纪录》，称美国"悍然违反国际法，严重侵犯人权，危害全球网络安全"。2014 年 6 月 9 日，美国 Crowdstrike 网络安全公司声称发现新的中国黑客部队，称中国有从外国"窃取商业秘密和军事机密的行为和野心"。2015 年 4 月 1 日，美国总统奥巴马签署行政命令，成立专门应对网络攻击的经济制裁项目，并实施对朝鲜的制裁来进一步威慑中国。

（四）第四阶段

2015 年 9 月 25 日是中美两国最高领导人讨论网络安全问题的第四个重要时刻，中美网络安全争议临时让位于中美气候变化合作议题，两国在网络安全方面在一定程度上达成谅解，暂时停止相互指责，进入外交休战这个第四阶段。

2015 年 9 月下旬，习近平主席访美，跟美国总统奥巴马在网络安全争议问题上确立了一个基本原则，即政府不参与旨在获得商业利益的针对公司企业的网络间谍活动，这被美国方面称作"习奥共识"。

美国并不想反思自己的大规模监控行为给世界造成的危害，但确实希望保护美国在网络空间最脆弱的地方：知识产权。中国在不冲突、不对抗的原则下与美国对话，最终暂时控制住了此前不断升级的网络安全争议。两国达成和解，进入了外交休战阶段。这个外交成果一直延续到 2018 年。

从 2013 年初习近平主席与奥巴马总统的电话交谈，到 2013 年中期两人安纳伯格庄园会晤，再到 2014 年初两国领导人在荷兰海牙会晤，再到 2015 年 9 月习近平主席访美，中美网络安全争议已经成为两国关系的核心议题之一。

那么，美国为什么不断升级争议，咬定中国作为假想敌？在斯诺登曝光美国政府才是世界上最大黑客的情况下，为什么美国还要披着皇帝的新衣继续炒作中国黑客威胁论？为什么奥巴马政府在第二任期刚一开始就将一顶黑客的帽子戴到中国政府头上？

二、美国网络军工复合体的崛起：传统军工复合体找到新的经济增长点

伊拉克和阿富汗战争之后，美国传统的军工复合体（military-industrial complex）的产能严重过剩，亟须寻求新的经济增长点，后来将建立在冲突的基础上的盈利模式延伸到网络空间，属于意料之中的事情。

战略与国际问题研究中心/兰德公司（RAND Corporation）等强硬派智库、洛克希德·马丁公司（Lockheed Martin）/波音公司（Boeing）等老牌军火商、博思艾伦咨询公司等政府情报业务承包商、美国国防部、国土安全部、中情局、联邦调查局、国家安全局等政府部门、急于保护并制造新的就业岗位的国会议员们，相互扶持，联手行动，在网络安全领域开掘出新的矿脉。

21世纪之初，一个崭新的利益集团在美国悄然崛起，名叫"网络军工复合体"（Cyber Military-Industrial Complex）或"网络安全工业复合体"（Cybersecurity-Industrial Complex）。这个产业在美国方兴未艾，并有望在全球领域进一步获取顾客，拓宽市场。但在行政层面（美国总统奥巴马）和立法层面（美国国会），这个产业直到奥巴马的第二任期才获得最高"认证"。

2013年2月12日，网络军工复合体如愿在行政层面获得了美国总统的认可，这就是奥巴马签署的网络安全行政命令。2015年10月27日，这个利益集团又在立法层面获得支持，美国参议院通过《网络安全信息共享法案》（Cybersecurity Information Sharing Act of 2015）。①2015年12月18日，美国参众两院又通过了《网络安全法》（Cybersecurity Act of 2015）。

这些行政和立法支持为网络军工复合体在未来"飞黄腾达"提供了行政和法律依据。"中国黑客威胁论"是这个崭新的利益集团为了突破紧箍咒、实现各种目标所精心炮制的完美借口。恰如"中国威胁论"是美国传统的军工复合体存在的理论基础，"中国黑客威胁论"构成了美国整个网络军工复合体存在壮大的理论基础。

---

① JAYCOX M. EFF Disappointed as CISA Passes Senate [EB/OL]. Electronic Frontier Foundation，2015-10-27.

美国为了在这个领域诬蔑、挑战中国可谓"机关算尽"，但是"人算不如天算"，斯诺登泄密事件迅速地击溃了美国的无理挑衅。然而，斯诺登泄密事件只是一个意外事件，只在道义层面揭穿了美国的布局，并没有削弱美国在网络空间的实力基本盘。所以，回顾这个过程，弄清楚事情的来龙去脉，将有助于中国探索有效的对策。

（一）美国传统的军工复合体及其组成要素

（1）艾森豪威尔预言成真

传统的军工复合体概念、实践及其壮大对和平的巨大危害早已众所周知。这个概念的出现涉及一个艾森豪威尔时刻。1961 年 1 月 17 日，美国前总统艾森豪威尔（Dwight D. Eisenhower）在《告别演说》中警告人们要关注军工复合体和技术革命的两面性。

他首次提出军工复合体的概念，一方面说明它存在的必要性，毕竟美国不能像在二战时那样"以临阵磨枪的方式承担国防上的风险"，但他同时警告这个"怪兽"有可能"在政府各部门取得无法证明为正当的影响力"，因为"庞大的军队和大规模军事工业相结合这种现象在美国史无前例"，并且美国"每年在军事安全上的开支超过了美国所有的公司的纯收入"。除了军工复合体之外，艾森豪威尔还呼吁人们警惕技术革命的两面性。"我们应该尊重科学研究和探索，但与此同时我们必须对这一同样严重的负面危险保持警惕，即政府政策本身可能沦为科学-技术精英阶层的俘虏。"

艾森豪威尔当时的警告已经变成了现实。不仅如此，军工复合体与技术革命这两条线索日益紧密地结合在一起，从原先被称作"铁三角"（军队、军工企业和部分国会议员）的军工复合体，发展成为"军事-工业-科学复合体"或"资本-技术-权力复合体"。更具体来说，是"军事-工业-科学-国会复合体"。

有确切证据表明，艾森豪威尔本来就想在演讲稿中加入国会这个机构作为复合体的一部分。这个复合体由"军事机构、军工行业、依赖军工行业的州和地区的国会议员以及从事军事技术、武器研发或战略研究的自然科学与社会科学界人士"四方主体构成。① 它们均受益于高额的国防开支。

军工复合体的存在和壮大成为美式资本主义发展历史的分水岭，催生了一种新的资本逻辑。军工复合体的存在合理性建立在文明冲突、国家冲突的基础上。缺少了真实的或想象的冲突，没有了假想敌，帝国的这个军事和经济支柱便会崩塌。

从这种逻辑出发，世界各个文明、文化以及国家之间的和平共处是军工复合体继续存在和扩张的最大威胁。"在近40年的冷战期间，战争和军备竞赛，使军工复合体从政府手中拿走了10万多亿美元的国防开支，从而成为冷战期间美国内最大的获利集团。"

军工部门"拥有200多万军事人员、100余家军工企业、几十个科研机构"。② 美国在21世纪里以发现大规模杀伤性武器、推动中东自由民主为由发动伊拉克战争看起来荒谬，但是完全符合军工复合体建立在冲突基础上的盈利逻辑。

东欧剧变之后，美国的军费在没有了主要敌人的情况下为什么不降反升？2011年美国军费为7393亿美元，而排在美国后面的九个国家的总额才为4867亿美元？美国为什么要推进重返亚洲政策？这些都需要使用军工复合体这个分析视角。

（2）军火商-国会-五角大楼-智库-媒体

从国会的视角来看，这不仅仅是议员谋求资助的机会，从"道义"上讲，还涉及大量的就业岗位。2008年，美国在伊拉克战争中雇用的后勤服务人员跟士兵人数持平，均为15万人以上。2013年，美国国防

---

① 石斌：可怕的美国"军事—工业—科学复合体" [EB/OL]. 新法家，2014-12-14.
② 石斌：美国"黩武主义"难以主宰世界 [EB/OL]. 三江学院，2014-12-08.

部在阿富汗雇用的后勤服务人员数量超过 10 万，而士兵人数仅为 6.5 万多。类似 600 美元马桶坐垫、660 美元烟灰缸、7600 美元咖啡机、7.6 万美元扶梯等天价采购丑闻层出不穷。

军工承包商为了向五角大楼和国会兜售某个武器系统，通常会设计出来一个完美的分包模式，让军工厂分布在尽可能多的州和国会选区。① 预算 8500 亿美元的 F-35 战斗机项目直接关系到美国 46 个州近 3.3 万个工作岗位。C-17 运输机项目分布于美国 44 个州 650 家供应商，涉及 4 万个就业岗位。参议员博克斯（Barbara Boxer）之所以支持这个运输机项目是因为波音军工承包商在其加州选区雇用了 5000 名工人。

国会甚至经常逼迫五角大楼在根本不需要某类武器的时候继续进行生产。2012 年，为了节省 30 亿美元，五角大楼向国会表示不需要购买战斗坦克，却遭到 173 名国会议员的集体拒绝，因为这种类型的坦克涉及 882 家供应商、1.6 万个就业岗位。②

军工复合体还是一场人事流动的游戏，"租赁将军模式"（rent-a-general pattern）就是指军方和承包商的人事联系和流动。2009 年，《今日美国》曾曝光 158 名退役将军和海军将领为军工承包商提供咨询服务，29 人干脆直接担任承包商的全职高管。例如，2000 年，辛尼（Anthony Zinni）在美国中央司令部司令的位置上退役之后，旋即担任军火商 BAE Systems 主席，还担任另一家军火商 Dyncorp International 的副总裁，同时还领取每年近 13 万美元退休金。③

美国空军武器项目（包括 B-2 隐形轰炸机）负责人马丁（Gregory

① McCartney J, McCartney M S. America′s war machine: Vested interests, endless conflicts [M]. New York City: Macmillan, 2015: 47.

② McCartney J, McCartney M S. America′s war machine: Vested interests, endless conflicts [M]. New York City: Macmillan, 2015: 55.

③ BROOK T V, DILANIAN K, LOCKER R: Retired military officers cash in as well-paid consultants [EB/OL]. USA TODAY, 2009-11-17.

Martin）在空军服役 35 年退役之后，前往军火商 Northrop Grumman 担任 B-2 隐形轰炸机做咨询工作。美国前参议员普罗克斯迈尔（William Proxmire）关注军工复合体的这种负面影响。他说美国最大的 100 家军火商向 2072 名退役高级军官支付酬金。"这种高级军官和军火商之间的人事流动是军工复合体发挥作用的铁证，构成了对公共利益的真切危害。"

智库是军工复合体的关键环节。"智库从来不思考，只负责辩护。""新美国世纪工程"（The Project for the New American Century）作为新保守派智库主导了小布什政府的外交政策，25 个创始成员中有 10 个进入小布什政府，发动了耗费一万亿美元的伊拉克战争。

军事记者麦卡尼（James McCartney）观察道："保守派智库在防务领域属于典型的鹰派。它们的许多资助来自军工产业或右翼亿万富翁。它们雇用保守派学者和政策专家，撰写文件、信函、评论文章，支持强大防务政策，并且经常鼓吹战争。智库鹰派是主导美国外交政策的战争机器和军队的内在组成部分。"①

除了新美国世纪工程之外，布鲁金斯学会（Brookings Institution）也是发动伊拉克战争的鼓手。传统基金会（Heritage Foundation）则塑造了美国的反导政策，始自美国里根时代的"星球大战计划"已经耗费了 2000 亿美元。美国政府资助的兰德公司（RAND Corporation）都属于保守派智库的范畴。

美国媒体是"鼓吹战争的拉拉队"。在伊拉克和阿富汗战争期间，五角大楼雇用了 75 名退役军官，为美国 NBC、CBS、ABC、CNN、Fox、MSNBC 等主流广播电视网担任"独立分析人士"。据美联社报道，2009 年，五角大楼花了 47 亿美元用于公关和宣传活动，仅在这个领域的用

---

① McCartney J, McCartney M S. America′s war machine：Vested interests, endless conflicts [M]. New York City：Macmillan, 2015：58.

人规模就计划达到 3.7 万，几乎相当于美国国务院的雇员总人数。看到了五角大楼和媒体的这一层关系，就可以明白为什么美国主流媒体如此积极地炒作"中国威胁论"，从军工复合体的角度来理解这些抨击中国的言论，可以看到这些辞令背后的结构因素。

在军工复合体的眼中，战争已经不再是简单的迎战，而成为国家的需要。这种依赖于战争/冲突的盈利模式已然成为美国民生/工作岗位的重要保障，因此也经常凌驾于两党政治和左右意识形态之上。发展至今，这台巨型机器早已背离了形成时的初衷，从"应对威胁"转为"寻找威胁"，又发展到"制造威胁"。原先的"被动防卫"变成了现在的"主动攻击"。原先的"捍卫民主"变成了现在的"唯利是图"。在这些逻辑转变中，已经完全无法从道义的角度来阐释，只有从军火商—国会—五角大楼—智库—媒体之间的运转"元规则"中，方能窥得端倪。

（二）2008—2013 年：美国网络军工复合体的崛起

（1）美国强硬派智库、五角大楼和情报部门的新动向

2008 年 11 月 5 日，奥巴马刚当选总统，尚未入主白宫，战略与国际问题研究中心（CSIS）智库中的"网络鹰派"（cyber hawks）人物刘易斯领导下的网络安全任务组就已经为奥巴马当局量身打造了一套"针对网络空间的全面国家安全战略"。报告名为《为第 44 任总统捍卫网络空间》（Securing Cyberspace for the 44th Presidency），要求美国政府在网络安全问题上更新思维，拥抱信息时代。

战略与国际问题研究中心本来就有"强硬路线者之家"和"冷战思想库"之称。洛克希德·马丁公司、波音公司等老牌军火商以及火眼网络安全公司（FireEye）也是 CSIS 的重要出资人。刘易斯在这个智库中属于鹰派中的强硬派，是提出并拓展"中国黑客威胁论"的关键幕僚。

《为第 44 任总统捍卫网络空间》报告的核心结论就是要求美国政府将网络安全升级到跟恐怖主义和大规模杀伤性武器一样重要的问题，定义为美国面临的最重要的国家安全挑战之一。"网络安全是一种新的、不对称的威胁，将美国及其盟友置于危险境地，正如恐怖主义和大规模杀伤性武器一样。"①

报告指出："我们最危险的敌人是其他国家的军队和情报活动。他们干练、坚韧、资源充裕。他们的意图明显，成绩显著。我们的信息体系漏洞百出，我们的敌人可以远程入侵并下载那些我们耗费上亿财力才创造出来的核心军事技术和宝贵知识产权——设计、蓝图、商业流程。长期而言，这会对美国经济竞争力构成长期损害。"② 报告综合分析了美国经济、外交、执法、军事以及情报各方面实力，提出了诸如建立网络安全跨部门协调办公室等一揽子解决方案。

2009 年 1 月 20 日，奥巴马正式入主白宫。2009 年 6 月 23 日，美国国防部长罗伯特·盖茨（Robert Gates）下令成立美国网战司令部（United States Cyber Command），国家安全局局长凯斯·亚历山大（Keith Alexander）担任首任司令，总部位于美国马里兰州米德堡陆军基地。中国自然而然地被美国军方认定为网络空间中的假想敌。

2010 年 5 月，亚历山大在一份给众议院军事委员会的报告中表达了自己对网络安全的看法："我认为，抵制网络犯罪和间谍活动的唯一方法就是采取积极主动的方法……中国被视作对西方基础设施发动大量攻击的来源，近期还攻击了美国电网。如果这些攻击被证实是有组织的，那么我将主动出击，消灭攻击源。"③ 美国成立网战司令部之后不久，兰德公司便立即发布了一份长达 240 页的报告——《网络威慑与网

---

① CSIS. Securing Cyberspace for the 44th Presidency. 2008. 21
② CSIS. Securing Cyberspace for the 44th Presidency. 2008. 13
③ BBC：US needs 'digital warfare force' [EB/OL]. BBC, 2009-05-05.

络战争》。美国空军为了有效实施网络战，委托兰德公司针对网络空间力量的使用和限度开展了这项研究，并得出了激进的结论。

同时，在美国情报界，2012 年 2 月 23 日，美国国家安全局秘密拟定了"2012 年—2016 年通信情报战略"（SIGINT Strategy）。文件指出，通讯情报收集方式正在经历颠覆性的变革，从传统时代的任务式途径转换为符合信息时代特征的系统式路径。该文件认为，当下正处于"通讯情报的黄金时代"，追求"在任何地点、任何时间、从任何人"那里收集通讯情报的能力。①

在制定这个新战略之前，美英情报部门在情报收集领域早已完成范式转变。"主宰互联网"项目由美国国家安全局和英国政府联合实施，属于英国政府"监听现代化项目"（Interception Modernization Program, IMP）的核心。利用"2007 年 10 月综合开支审查"（October 2007 Comprehensive Spending Review），该项目获得为期三年、高达 10 亿多英镑的资助。美国军工巨头洛克希德·马丁公司和英国三大军工巨头之一英国宇航集团（BAE）均高度参与该项目的研发。②

（2）美国联邦网络安全市场/情报业务市场异常亢奋

网络安全产业在奥巴马第一任期生根发芽并且发展壮大，整个网络安全产业此时进入了一种异常亢奋的状态。2011 年 11 月，普华永道会计师事务所发布了《网络安全购并：全球网络安全市场交易解码》报告，分析了从 2008 年 1 月 1 日至 2011 年 6 月 30 日这个时间段发生的网络安全市场交易，主要得出三个结论：（1）2011 年全球在网络安全方面的开支高达 600 亿美元，过去三年里平均每年新增 60 多亿美元；（2）

---

① （U）SIGINT Strategy［EB/OL］2012 - 02 - 23，https：//cryptome. org/2013/11/nsa-sigint-strategy-2012-2016. pdf.

② WILLIAMS C. Jacqui´s secret plan to "Master the Internet"［EB/OL］. The Register, 2009-05-03.

网络安全领域的前十大交易均发生在美英两国，美国占七个；（3）在美国，政府部门和私有部门在网络安全领域的支出几乎平分秋色，中情局、联邦调查局等政府部门的采购推动了网络安全产业的增长。其他国家跟美国截然不同，均是私有部门在网络安全支出中占主导地位。这印证了美国网络军工复合体在这个产业中发挥的独特引领作用。①

一些世界顶尖的管理和技术咨询公司早就嗅到了承包政府情报业务的巨额利润。博思艾伦公司（Booz Allen Hamilton）剥离了利薄的商业咨询业务，成为一家纯粹的政府业务承包商。截至 2013 年 3 月的财年，博思艾伦公布营收为 57.6 亿美元，其中 99% 源自政府合同。其中，13 亿美元来自美国几大情报机构。

到了 2015 年，博思艾伦公司从美国国防部拿到名为"网络安全与信息系统技术领域任务"的项目，单项合同金额就高达 50 亿美元。这些承包商公司和情报部门之间的人士流动构成了一种近亲繁殖网络。在博思艾伦公司雇用的两万五千多名员工中，许多都通过了政府的背景调查，在公共部门和私有部门之间来回穿梭。该公司副主席正是美国国家安全局前局长麦康纳（Mike McConnell）。

公共部门和私营部门之间的人事流动如此频繁，以至于网络安全产业猎头梅茨格（Peter Metzger）发现自己在 2012 年 6 月到 2013 年 6 月期间的业务量翻了一番。2009 年 8 月，美国联邦调查局网络犯罪助理副局长奥尼尔（Sean O'Neal）去了博思艾伦公司，然后又去了曼迪昂特公司。2011 年 9 月，美国国土安全部控制系统安全项目主任麦格科（Sean McGurk）去了美国电信巨头威瑞森公司（Verizon）。2012 年 3 月，联邦调查局的高级员工亨利（Shawn Henry）退休后去了 Crowdstrike 网络安全公司担任总裁。2012 年 9 月，他的联邦调查局同事

①　Cyber Security M&A［EB/OL］. 2011-11, https：//www. pwc. com/gx/en/aerospace-defence/pdf/cyber-security-mergers-acquisitions. pdf.

查宾斯基（Steve Chabinsky）——联邦调查局网络局副助理局长——追随他加入 Crowdstrike 公司担任首席风险官。① 当然，在网络空间政商旋转门的案例中，还有曼迪昂（Kevin Mandia）这个先驱人物，在 2004 年创建曼迪昂特网络安全公司（Mandiant）之前，他担任五角大楼网络安全调查员。

最为巧合的是，以上提及的这四家网络安全/咨询公司均在这个时间段先后发表网络安全报告，将批评的矛头对准了中国。2012 年 1 月 27 日，博思艾伦公司副主席麦康纳在《华尔街日报》撰文称网络盗窃是中国的国策。2013 年 2 月 19 日，曼迪昂特公司发布了《曼迪昂特报告》，号称发现了驻上海的解放军黑客部队。2013 年 4 月 23 日，威瑞森公司发布《2013 年度数据泄露调查报告》，得出结论认为中国政府以及军方黑客是 2012 年全球最活跃和最成功的网络间谍。2014 年 6 月 9 日，Crowdstrike 公司声称发现新的中国黑客部队，指责中国有从外国"窃取商业秘密和军事机密的行为和野心"。

老牌军火商在拓展网络安全业务方面也不甘落后。2009 年 11 月 12 日，美国洛克希德·马丁公司成立了占地 25000 平方英尺的网络安全研究中心——"下一代网络安全创新与技术中心"（NexGen Cyber Innovation and Technology Center）。该公司同时宣布成立"洛克希德·马丁网络安全技术联盟"（Lockheed Martin Cyber Security Alliance），联盟成员公司包括思科、戴尔、英特尔、微软、惠普、威瑞森、迈克菲（McAfee）以及赛门铁克（Symantec）等共 18 家科技公司。这种合作机制旨在提供解决方案，"帮助政府机构和企业捍卫网络和系统，免受高级持久威胁的影响"。在挖掘网络安全这个新的经济增长点之前，洛克希德·马丁这家安全公司在全球拥有 14 万员工，2008 年的销售额为

---

① The Economist. Hiring digital 007s [EB/OL]. The Economist，2013-06-15.

427 亿美元。

2011 年 1 月 13 日，美国波音公司（Boeing）宣布组织成立"信息解决方案处"（Information Solutions Division），旨在"为美国国防部、美国情报界、联邦和外国政府，以及财富 1000 强公司提供可靠的、军事级别的、基于软件的解决方案"。该机构将此前购并的 8 家公司收于旗下，拥有员工将近 4000 人。该机构隶属于波音公司的国防、空间与安全部门（Boeing Defense, Space & Security），而后者是波音公司六大部门之一，在全球拥有 68000 名员工，业务规模高达 340 亿美元。① 2011 年 10 月 25 日，波音公司开设了占地 32000 英尺的网络参与中心（Cyber Engagement Center），为专家提供环境，解决网络安全问题。2012 年 7 月 18 日，波音公司成立了信息安全创新实验室（Information Security Innovation Lab），在安全而真实的环境中，使用实时网络来试验创新网络安全技术。②

（3）网络军工复合体俘获美国总统议程/国会议程

总之，在奥巴马 2008—2012 年第一任期，美国联邦网络安全市场蓬勃发展。无论是从公司/政府组织、人事流动来看，还是通过智库报告、市场构成来观察，一个崭新的利益集团——网络军工复合体——在美国悄然崛起。《美国战争机器》作者麦卡尼（James McCartney）这样解释这个集团的崛起：安全承包商看中了网络安全，视其为下一棵能够给他们带来数以亿计财富的摇钱树。③ 诸如《纽约时报》《华盛顿邮报》《华尔街日报》不仅充当了这个集团的鼓手，甚至还现身说法，说

① SIDMAN D, MCMULLIN J. Boeing Forms Information Solutions Business to Address Growing IT/Cyber Market [EB/OL]. Boeing, 2011-01-13.

② FARROW L, BOSICK D. Boeing Opens Information Security Innovation Lab in California [EB/OL]. Boeing, 2012-07-18.

③ McCartney J, McCartney M S. America's war machine: Vested interests, endless conflicts [M]. New York City: Macmillan, 2015: 34.

自己是中国黑客攻击的受害者。到了奥巴马第二任期，这个集团屡次俘获美国政府议程，从最高行政层面和立法层面获得保驾护航。

网络空间繁衍出来一种跟和平共处不兼容的逻辑：以本国网络安全为借口，开发、销售网络监控技术和武器，实现军事和产业之间的利益循环。美国传统的军工复合体和新兴的网络军工复合体均需要不断夸大乃至制造威胁，作为自己存在和扩张的理由。恰是由于自身的崛起和发展，中国极其不幸地继承了苏联的负面遗产，成为美国在现实/网络空间树立的现成假想敌。美国政府的外交政策深受军工复合体的影响甚至主导。中美网络安全争议诞生于这个背景当中。

三、中美数字冷战：美国清洁网络计划

2016 年是互联网治理研究者最乐观的一年。这一年最受人关注的事件是 IANA 职能管理权移交。围绕交不交和何时交这个主题，各国各方尤其是美国国内各大利益集团结束了长达两年半之久的辩论。从 2014 年 3 月 14 日美国商务部电信与信息管理局（NTIA）宣布计划移交 IANA 职能管理权，到 2016 年 10 月 1 日移交成功完成，整个过程吸引了互联网治理研究者的关注。

主张移交派背后的支持者是奥巴马政府、美国信息产业界、大多数民间团体以及全球用户社群。反对移交派是美国的保守势力，背后是许多共和党参议员、传统基金会等强硬派智库以及军工和安全界的势力。主张移交派在这场战役中最终获得胜利。这虽然代表着互联网治理商业化、私有化的胜利，但是也代表着互联网治理民主化、全球化的胜利。

2016 年 11 月 3—9 日，ICANN 第 57 次会议在印度海得拉巴召开。这是 10 月 1 日 IANA 职能管理权移交之后，ICANN 召开的第一次会议，3000 多名与会人员感到欢欣雀跃，长达 7 天的会议并不显得冗长。ICANN 在会议的最后一天安排了庆祝移交的活动。

　　然而，11 月 9 日还是另外一个特殊的日子，美国 2016 年大选结果在这一天揭晓，民粹主义代言人特朗普出人意料地赢得了美国大选。放在互联网治理的语境中来看，反对移交派虽然未能阻挠这次移交，但却赢得了美国大选。这给 11 月 9 日晚上庆祝移交成功的晚会蒙上了巨大的阴影。毕竟，主张移交派看起来仅仅是获得了一场战役的胜利，但却输掉了一场战争。

　　当第二天 ICANN 第 57 次会议大批参会者到达海得拉巴机场准备离开的时候，发现他们手中持有的 500 卢比和 1000 卢比钞票已经成了废钞，另一个民粹主义大国领袖印度总理莫迪（Narendra Modi）为了整顿地下经济，已经宣布废除这两个币值的钞票。

　　ICANN 第 57 次会议期间发生的事件是对未来的预言：2016 年是理想主义、全球主义回光返照的一年，IANA 职能管理权移交是人们能够听到的最后一个好消息，未来很长一段时间将是民粹主义思想泛滥的年代。许多人在这个时候已经预料到了趋势，但是没有预料到事情发展的惨烈程度：美国总统特朗普和印度总理莫迪将联手给中国数字企业的海外发展带来致命一击。

　　（一）主张继承奥巴马遗产的声音

　　美国总统特朗普上台后，美国学界和战略界曾经出现了一些理性的声音，呼吁特朗普总统继承中美两国在奥巴马执政期间的数字合作成果，在 2015 年"习奥共识"的基础上继续推动中美数字合作，在贸易问题和数字问题之间划出界线，在网络军事和数字经济之间建立防火墙，用数字合作来拯救贸易战，重启中美合作的网络机遇，打造典范的中美数字合作关系。

　　美国胡佛研究所高级研究员戈登史密斯（Jack Goldsmith）和哈佛大学肯尼迪学院贝尔福中心访问研究员罗塞尔（Stuart Russell）认为，知识产权是美国的全球军事和经济霸权的"阿喀琉斯之踵"，"习奥共识"能够有效地保护美国最脆弱的地方，是处理知识产权争议的合理出发点，继续沿着这个路线前进，有助于启发两国在经贸领域走出困局。

2018年6月5日，戈登史密斯和罗塞尔合作发表文章"优势化为劣势：数字世界如何导致美国在国际关系中处于不利地位"。他们表示互联网虽然是美国霸权的新符号，但也给美国带来巨大劣势，美国比世界其他国家拥有更多的知识产权财富和商业秘密，因此在缺乏约束的网络空间环境中，美国在这个领域容易遭受更大的损失。

"美国私企拥有大多数知识产权、商业秘密以及其他专有商业信息（包括谈判立场、交易信息等），拥有的值得盗窃的东西较多。""尽管中国创新能力日益增强，在移动支付领域甚至领先世界，但是中国拥有的值得盗窃的商业秘密相对较少。"

"罗马帝国的道路系统跨越几大洲，几个世纪以来，这是帝国军事、经济和文化力量的象征，但哥特人最终利用这些道路攻击并摧毁了帝国。同理，美国费尽心机创造了互联网以及相关数字系统，几十年以来，这发展成为美国军事、经济和文化力量的象征。但是，互联网是否会导致美国重蹈罗马帝国的覆辙，成为加速美国衰落的平台？"戈登史密斯和罗塞尔从这个角度出发，高度认可"习奥共识"的重要价值。

美国前副贸易代表霍莱曼（Robert Holleyman）建议中美共同重视并提升APEC"跨境隐私保护规则"（CBPR）机制，对抗2018年5月26日生效的《欧洲通用数据保护条例》（GDPR）数据流通立法的影响力，及时止损，避免跨境数据流通治理陷入碎片化和分裂割据的状态。

2018年6月14日，在中美印网络空间合作三边会上，霍莱曼（Robert Holleyman）表示，欧洲不遗余力地提升GDPR的地位，但是必须意识到，GDPR绝不是唯一选项，他建议中国跟美国一道重视APEC"跨境隐私保护规则"在解决跨境数据流通争议方面的作用。美国当时迫切需要打压欧洲模式的影响力和吸引力，APEC"跨境隐私保护规则"提倡最小保护原则，符合美国利益，美国希望在这个方面拉住中国，确保中国不另起炉灶或倒向欧洲，鼓励数字经济领域的创新和发展。

美国国务院网络事务协调员办公室前主管佩恩特（Christopher Painter）将习奥共识当作他任内的重大业绩，认为"习奥共识"是美国网络安全外交的最大成果和未来方向。他认为中国因此树立了跟俄罗斯、朝鲜不同的形象，成为可以对话、合作的对象。

2018年6月19日，在以色列网络安全周"大国竞争与新兴技术"论坛，佩恩特表示："中美对话产生了实质的效果，中国跟俄罗斯、朝鲜不同，中国在乎自己的国际形象，重视国际合作，是一个可以谈判的对象，俄罗斯和朝鲜则从来不会改变自己的做法。"

卡内基国际和平基金会研究员莫若（Tim Maurer）建议中美两国在维护全球金融稳定领域开展合作，认为这是两个国家从冲突走向合作的解套方式，以此走出贸易战泥沼。

2018年6月20日，莫若撰写万字长文，表示维护全球金融稳定符合中美两国的共同利益，并且中美共同采取行动的时机已经成熟。中美关系那时已经处于贸易战边缘，此前被认为"压舱石"的经贸关系，在特朗普时代变得脆弱不堪。在这个背景下，莫若认为，保护全球金融稳定，使其免受网络攻击的威胁，是重启中美关系的合作点和机遇。

莫若列举了五大原因。第一，中美是世界上最大的两个经济体，在维护全球金融稳定方面有着共同利益。第二，机制方面，中美都全面参与各种网络空间定规机制，并且都属于重量级的成员，能够保证维护金融稳定倡议的成功。第三，行动路线图方面，中美在网络间谍活动方面达成共识，为进一步合作蹚出了路子。第四，中国国内因素方面，中国在网络安全领域开始重视关键基础设施保护，2017年生效的《网络安全法》将银行系统列入关键基础设施。第五，美国国内因素方面，美国新总统特朗普重视通过双边路径解决问题。

（二）贸易战的战火燃烧到数字经济领域

然而，相对理性的声音回天乏力，后来的结果终究不是数字经济合作拯救贸易战，而是贸易战的战火燃烧到数字经济领域，数字经济沦为中美博弈的最大牺牲品，并且由于其在经济发展中的高位，成为中美"山巅之战"，最终鹿死谁手，将耗费数年的时间方能揭晓答案。

在情报监控方面，美国特朗普政府丝毫没有反思斯诺登泄密事件给美国带来的负面影响，毫不收敛，反而决定继续实施全球监控。2018年1月19日，特朗普签署法案，批准将《涉外情报监视法》702条款延长6年。美国情报机构将继续在没有授权的情况下，监控美国境外目标的电邮和短信等通信。

在网络军事行动方面，特朗普政府转为采取更加具有进攻性的政策。2018年8月15日，特朗普签署命令，简化了发起重大网络攻击行动的审批程序，美国军事部门将更容易发动对外网络行动。美国从来没有质疑过网络空间军事化、武装化、网络军备竞赛的合理性，默认了传统军事向这个领域延伸的合法性。

在网络间谍活动方面，美国重新炒作所谓中国网络间谍问题。2018年7月24日，美国国家反间谍与安全中心（National Counterintelligence and Security Center）发布《网络空间外国经济间谍活动》报告，认为中国、俄罗斯、伊朗是三个最活跃的从事经济间谍活动的国家，投入大量篇幅论证中国采取多种手段窃取美国技术，表示中国通过合资、国家投资、购并、人才招募、情报活动、法律法规、幌子公司、学术合作以及非传统手段九种方式强制获得知识产权。

在新兴国家方向，美国特朗普当局发起"数字联通与网络安全伙伴项目"（The Digital Connectivity and Cybersecurity Partnership），致力于在全球范围内打造数字伙伴关系，推进互联网的开放性、互操性、可靠性与安全性，遏制所谓威权国家在通信基础设施领域的影响力，2018年度共设立两千五百万美金预算，在印太地区新兴国家推进数字伙伴项目，支持该地区伙伴国家发展通信技术设施，推进法规体系改革，共同应对网络安全威胁。

2018年11月15日，美国欧亚集团智库研究员特廖洛（Paul Triolo）和艾莉森（Kevin Allison）发表《5G地缘政治》报告，以5G地缘政治博弈为例描述了中美网络安全和数字争议的现状和走向，试图预测中美两国即将在数字领域展开的激烈博弈，他们得出九点观察：

（1）中国将在2020年推进国内5G网络的商业部署，将使其在5G领域获得先发优势。5G独立组网是中国政府多年持续推进的成果。通过"互联网+"计划（2015年）和"十三五"规划（2016年）等政府主导项目，努力使中国在下一代移动网络和相关应用方面走在领先位置。

（2）美中贸易和技术对抗并没有呈现出缓和迹象，中国硬件的潜在国家安全风险问题日益主导政策辩论，美国及其盟友将继续采取措施将中国网络设备供应商排除在西方和盟友5G网络之外。

（3）排除中国后的5G替代方案会推迟一些国家的5G部署，备用供应商将被迫投资建设新的制造能力和人才队伍，以便广泛推出经济实用的下一代网络，这会耗费时日，进一步巩固中国的先发优势。

（4）如果5G生态系统发生分化，全球技术生态系统分裂的风险也将随之加大，未来可能形成两个独立的、政治对立、技术上不兼容的势力范围，一个由美国领导，由硅谷提供技术支持，另一个由中国领导，由其实力强大的数字平台公司提供技术支持。

（5）分化出中国和非中国阵营之后，既会带来一些兼容性问题，也会降低经济的规模效应，提高交易成本，在用户和基础设施设备双方面产生负面影响。

（6）中美两国除了围绕 5G 网络本身展开竞争之外，还将竞争开发在 5G 网络上运行的创新技术应用程序。在这个方面，美国创新实力强，中国则利用在国内首先部署 5G 网络的优势，积攒应用案例，获取海外市场份额。

（7）成功的 5G 部署有利于获得 5G 使用案例，推出应用程序，为下一代技术的商业规模部署铺平道路。这虽然不是一场赢家通吃的游戏，但可实现良性循环，5G 和相关应用程序将吸引人才和资本，而运行在 5G 网络上的应用程序会生成大数据，进一步刺激创新。

（8）在一个分化的世界中，如果第三方国家希望进入这种良性循环，将面临艰难选择，选择谁的 5G 网络技术和相关应用生态系统。各国政府会遇到美国和盟国的压力，避免依赖中国 5G 技术。

（9）同时，看重成本的发展中国家将寻求中国的技术和相关应用，通过"一带一路"倡议提供的基础设施和项目开展融资，尤其当中国在技术应用方面获得优势的时候，情况更会是如此。美国阵营中没有能够与"一带一路"相媲美的举措来扩大全球的技术影响力。①

（三）清洁网络计划：拉开数字冷战的序幕

2020 年 8 月 5 日，在新冠疫情肆虐全球的背景下，美国国务卿蓬佩

---

① TRIOLO P, ALLISON K. The Geopolitics of 5G［EB/OL］. EurasiAgroup, 2018-11-15.

奥推出"清洁网络计划"六方面具体政策措施，以单边主义行动强制整合全球互联网治理的对话版图，跳跃式地将传统军事领域的假想敌延伸到数字经济领域。

以出台"清洁网络计划"（见图30）为标志，美国正式拉开了"数字冷战"的序幕，急速扩大在遏制中国华为公司方面积累的"战果"，要求在运营商、应用商店、应用程序、云服务、海底光缆、5G六个核心网信领域全面排除异己，强制世界其他国家在中美之间选边站队。"清洁网络计划"包括以下六个方面内容：

（1）清洁运营商：确保所谓不受信任的中国运营商不与美国电信网络连接；

（2）清洁商店：从美国移动应用商店中删除不受信任的应用；

（3）清洁应用程序：防止所谓不受信任的中国智能手机制造商在其应用商店中预装（或以其他方式使之可供下载）受信任的应用程序；

（4）清洁云：防止美国公民敏感个人信息和企业知识产权在百度、阿里巴巴、腾讯等可被外国对手访问的基于云的系统上进行存储和处理；

（5）清洁光缆：确保连接美国与全球互联网的海底光缆不被中国大规模破坏并进行情报收集；

（6）5G清洁路径：不使用来自华为和中兴等所谓不受信任的IT供应商的任何传输、控制、计算以及存储设备。①

---

① 清洁网络计划与美国数字霸权［EB/OL］. 2020-09-09，https：//fddi. fudan. edu. cn/c3/74/c19047a246644/page. htm.

THE _Clean_ NETWORK

Clean CARRIER   **Clean** APPS   **Clean** STORE

Clean CLOUD   **Clean** CABLE   **Clean** PATH

图30　美国推出"清洁网络计划"①

"清洁网络计划"有三个特点。第一是排除异己，首先想象出来敌人和盟友，以文明冲突论作为最高指导思想，进行意识形态划线，然后在网信的各个核心层面排除异己，排除文明、文化、意识形态上不同的国家。第二是合纵连横，就是构建同盟圈，不仅仅美国自己这样做，还动员、恐吓、说服其他国家这样做。第三是栽赃嫁祸，将自身的不负责任行为描述成是他国所为，指控其他国家做自己对其他国家做的事情。时任美国国务卿蓬佩奥说美国将与外国伙伴合作确保海底光缆不被渗透，实际的潜台词是只有美国才可以渗透海底光缆，别国不允许这样做，甚至不允许具备这样做的实力。

沈逸和江天骄这样总结"清洁网络计划"："美国的清洁网络计划是基于国家主观战略和需求的行业基础战略，这种判定不是对技术本身进行客观判定，而是以技术来源方的身份属性作为主要判定标准。这种带有主观色彩的意识形态偏见的做法违背产业规律，将会严重扰乱全球产业链。从本质上来说，'清洁网络计划'是美国维护其数字霸权的关键举措，是在信息产业以供应链安全为由设置的非关税壁垒，其最终目

---

① U. S. department of state：The Clean Network［EB/OL］. U. S. department of state.

的是维护美国的数字霸权"。①

这种在全世界划分敌我阵营的路线是美国的一贯手法。美国的这套路线图不仅获得了澳大利亚、加拿大等"五眼国家"的支持，还攻陷了爱沙尼亚、捷克等中东欧国家，甚至还在印度等新兴国家阵营获得响应。这里出现的一个有趣现象是，欧洲通过反垄断、征收数字税、数据立法等法律工具挑战美国越厉害，美国越是强调技术问题的意识形态和政治属性，将中国孤立出来加以挑战，缓解来自欧洲的压力。

美国的单边行动拉开了"数字冷战"的序幕，网络空间全球治理进程平添变数，网络空间的和平路线严重受阻，数字经济合作的机遇期和窗口期迅速收缩，关于互联网分裂、互联网碎片化、巴尔干化以及数字孤岛的讨论骤然增多。

美国强硬派已经从欧洲和亚洲两个方向对中国发动了攻势，利用"点—线—面"步步为营的方式来围剿华为公司和抖音国际版 TikTok 等中国明星高科技企业，初步完成了沿着跨大西洋路线和印太路线扼杀中国数字经济的战略部署。

在欧洲，美国利用爱沙尼亚、捷克、波兰等中东欧小国作为战略支点和突破口，签署联合声明共同抵制中国 5G 企业，最终动摇了英国、法国等欧洲大国在 5G 领域的政策立场。不少欧洲国家虽然知道这是一种霸凌行径，但认为华为等中国供应商无法抗住美国的制裁，因而选择配合美国。美国的清洁网络计划在这个方向上扩大成为"跨大西洋清洁网络"计划。

欧洲方面，美国认为欧洲国家要么已经出台法规排除不受信任的供应商，要么已经与美国签署了 5G 安全备忘录，要么公开承诺支持清洁

① 清洁网络计划与美国数字霸权［EB/OL］. 2020-09-09, https：//fddi. fudan. edu. cn/c3/74/c19047a246644/page. htm.

网络或者欧盟 5G 工具箱（EU 5G Toolbox）或者正在出台法规排除不受信任的供应商。

在亚洲，美国利用日本和澳大利亚作为突破口，并在印太战略的支撑下将印度拉入了美日澳同盟圈，怂恿印度首先出手封禁中国 App，未来有可能恶化发展成为"印太清洁网络计划"。

不管怎样，这个领域的当前矛盾已经初步体现为把技术问题意识形态化的美国和努力维护自身数字经济利益的中国之间的博弈与分歧。

四、《全球数据安全倡议》：以事实为依据看待数据安全

中国采取的应对方案是《全球数据安全倡议》。2020 年 9 月 8 日，中国国务委员兼外长王毅在"抓住数字机遇，共谋合作发展"国际研讨会高级别会议上发表主旨讲话，提出《全球数据安全倡议》，表达中国在数据安全领域的八点主张，在关键时刻进行纠偏，防止网络空间陷入文明冲突论和冷战思维的陷阱。

倡议第一条强调各国应以事实为依据全面客观看待数据安全问题，积极维护全球信息技术产品和服务的供应链开放、安全、稳定。这一条是整个倡议中最重要的内容，实际上是在提倡一种务实可行的方案。

中国文化传统拥有从全球公共利益、命运共同体出发思考此类问题的习惯，但是美国等其他一些世界强国并不具备同样的思维方式，他们更偏爱以零和博弈、文明冲突等丛林思维来看待其他文明、文化及国家，并将这种思维延伸到了网络空间。在这个背景下，以事实为依据来看待数据安全，而非戴上意识形态眼镜，是一种回归常识的路径。

倡议第二条和第三条表达了对破坏他国关键基础设施和针对他国进行大规模监控的担忧。自从 2013 年斯诺登泄密事件以来，尽管欧洲国家通过一系列立法和双边协议在这方面取得了一些成果，但是世界其他国家仍然没有获得美国的任何承诺。不仅如此，美国还无限上纲上线，

奉行双重乃至多重标准，利用自身在国际新闻传播领域的优势，指鹿为马，颠倒黑白，贼喊捉贼，将自己的罪名加到别国身上。

倡议第四条、第五条、第六条从数据本地存储、网络犯罪治理的视角提出主张。第四条呼吁各国不得要求本国企业将境外产生、获取的数据存储在境内，第五条强调未经他国法律允许不得直接向企业或个人调取位于他国的数据，第六条强调国家间缔结跨境调取数据双边协议，不得侵犯第三国司法主权和数据安全。通过这些主张，中国愿意做出对等承诺，中国政府严格践行数据安全保护有关原则，没有也不会要求中方企业违反别国法律向中国政府提供境外数据。

倡议第七条和第八条还针对信息技术企业做出务实的要求。第七条要求信息技术产品和服务供应企业不得在产品和服务中设置后门，第八条要求信息技术企业不得滥用用户对产品的依赖性谋取不正当利益。

倡议的措辞简单明确，表达的诉求清晰易懂。该倡议表明，中国近些年来对数据安全等网络空间治理议题的认识日益清晰。自从2015年习近平主席提出构建网络空间命运共同体的主张以来，中国探索形成了一整套观念体系，能够兼容全球公共利益，兼顾自身的根本安全利益和根本经济利益。该倡议是习近平主席网络空间命运共同体思想在数据安全领域的具体落点，与当下一些强权国家非黑即白、分裂对立的思维模式和网信政策形成了鲜明的对比。

第五章

俄罗斯主权网、主权网法律及断网测试

一、俄罗斯主权网 RUnet

(一) 介绍

俄罗斯政府一贯主张从全球互联网划分出来"国家部分",这样可以引入国家主权的逻辑进行管理。"主权"部分尤其特指"RUnet"。

过去,RUnet 指代俄罗斯国家代码顶级域名之下的网络资源和服务,即 .SU,① .RU, .рф,以及其他斯拉夫域名。RUnet 也可以指代所有域名的俄语在线资源。后来,俄罗斯立法者开始使用 RUnet 来指代按照地理意义来定义的网络空间,表示位于俄罗斯边界内并受其主权管辖的部分。近年来,俄罗斯立法人员和国家安全机构多次做出尝试,试图将俄罗斯网络从全球互联网中独立出来,以此保障安全和稳定,免受外部威胁。

将国家主权适用到全球互联网当中所谓国家部分,是当前的一种趋势。"主权化"(sovereignization)这个词热度不减,媒体、智库和政治家用这个词来描述各种互联网治理实践,既包括过滤、封锁网站和服务,也指在基础设施方面将本地网络与全球互联网隔离开来。有人认为,国家行为主体为了管理这个新的交流空间,不断在网络空间宣示主

---

① SU 域名曾经服务于 USSR 组织。现在,它指代在后苏联空间运转的组织。

权，最终会导致互联网分裂。

佐治亚理工学院教授穆勒（Milton Mueller）认为，互联网真正走向分裂的可能性不大。他认为，事实的真相是"重构"（alignment），人们一方面利用传统国家边界来调整对网络空间的控制；另一方面继续从全球互联网获益，支持全球一网。他介绍了三种重构办法：国家安全化、信息流动领土化以及尝试按照国家边界重新控制关键互联网资源。使用穆勒的重构概念，可以解释与 RUnet 相关的事情，判断它是否已经变成了"主权网络"。

（二）国家安全化

按照穆勒的分析框架，国家安全化有四个组成部分。第一是将网络安全变成一个国家安全问题；第二是将威胁情报中心化和国有化；第三是试图将技术标准国有化，更多依靠国产技术；第四是开发"切断开关"（kill switch）能力。① 上述四点均在俄罗斯有不同程度的体现。

1. 重塑网络安全

安全化的过程始于将网络安全重新定义为国家安全问题，同时承认网络空间是一个军事领域。安全化的含义是："由于社会依赖信息技术和网络，因而产生脆弱之处，使得国家本身面临生存威胁。"②

网络安全这个词在俄罗斯官方语言中并不常见；人们常说信息安全。按照 2016 年《信息安全条例》，③ 信息安全指保障个人、社会和国家免受内部和外部信息威胁："个体和公民充分行驶宪法权利和自由；公民拥有良好的生活水平；俄罗斯联邦的主权、领土完整以及社会经济

---

① Mueller M. Will the Internet Fragment? Sovereignty, Globalization and Cyberspace [M]. London: Polity, 2017: 37.

② Mueller M. Will the Internet Fragment? Sovereignty, Globalization and Cyberspace [M]. London: Polity, 2017: 37.

③ 该文件是俄罗斯国家安全战略规划文件，是对 2015 年俄罗斯国家安全战略的修订。

可持续发展；完善国防和安全。"① 俄罗斯当前在信息领域的国家利益是"保障个人、社会和国家安全和可持续发展的客观重大需求"。②

具体来说，国家利益包括国家和其他行为主体一系列责任，分为内容安全、信息基础设施的网络安全、技术潜力提升，以及基于主权原则的国际信息安全等领域。③ 此外，文件还列出了信息安全的主要威胁：非法跨境内容流动、攻击国家关键基础设施、利用信息通信技术影响大众心理并破坏政治体系稳定、依赖外国 ICT 硬件和软件、以及关键互联网资源的不当分配和管控。

2. 网络空间军事化

根据穆勒的看法，创建"网军司令部"（Cyber Command）也是国家安全化的一部分，国家借此提升其参与网络冲突和自卫的实力。在国际层面，俄罗斯反对网络空间军事化，提倡和平利用信息通信技术，展示负责任的国家行为，预防网络冲突。1998 年，俄罗斯首先在联合国提出决议草案，呼吁各国关注在国家间冲突中可能使用信息通信技术的问题，关注在信息安全领域的现有和潜在威胁，该决议获采纳。④

有趣的是，俄罗斯在 2011 年出台过一份框架文件，叫作《关于俄罗斯武装部队在信息空间行动的概念性观点》。⑤ 该文件指出，武装部队在信息环境中应该坚持威慑，预防冲突发生。如果发生冲突，则应通

---

① Russian President：Doctrine on Information Security. ［EB/OL］. 俄罗斯报，2016–12–05.

② Russian President：Doctrine on Information Security. ［EB/OL］. 俄罗斯报，2016–12–05.

③ Russian President：Doctrine on Information Security. ［EB/OL］. 俄罗斯报，2016–12–05.

④ RESOLUTION ADOPTED BY THE GENERAL ASSEMBLY ［EB/OL］. 1999–01–04，https：//undocs. org/A/RES/53/70.

⑤ Ministry of Defence of the Russian Federation：Conceptual views on the activity of the Russian Armed Forces in the information space ［EB/OL］. 俄罗斯国防部，2011.

过谈判、诉诸联合国安理会或区域机构或协议或其他和平手段，来解决问题。如果信息空间冲突升级并向危机阶段过渡，武装部队可以使用任何方式和手段，行使个体或集体自卫权，只要不与国际公认规则和国际法原则相抵触。

该文件主要讨论了武装部队在信息空间中应该遵守的几点原则，包括：合法性原则（依照俄罗斯法律和国际法行动）、复杂性原则（动用信息空间中所有可用的力量和手段：情报、伪装、电子战、通信、隐蔽和自动控制、职员的信息工作）、合作原则（在国际法和区域集体防御机制的基础上，建立一个国际法律机制，约束全球信息空间中的国家军事行动）。

尽管在国际社会提倡网络空间和平，俄罗斯早在 2012 年就开始公开提及网军司令部（Cyber Command）。彼时，俄罗斯副总理罗戈津（Rogozin）表示，有必要建立一个类似美国网军司令部的部门。① 但是，俄罗斯政府直到 2017 年 2 月才正式宣布拥有"信息作战部队"。② 从 2012 年到 2017 年这五年间，俄罗斯积极创建"科技部队"（scientific troops），军方招募信息技术领域的生力军，像传统士兵那样服役，或者在国防部下属的研究中心从事研究工作。2013 年，俄罗斯还开展了一场针对软件开发人才的"大招募"行动，毕业生们参与该行动，可以抵消兵役。③

2014 年 5 月，国防部匿名消息人士称，武装部队成立了信息行动

---

① 俄新社：В российской армии может появиться киберкомандование, заявил Рогозин [EB/OL]. 俄罗斯国际新闻通讯社，2012-03-21.

② Interfax：В Минобороны РФ создали войска информационных операций [EB/OL]. Interfax，2017-02-22.

③ CNews：Сергей Шойгу объявил о《большой охоте》на молодых программистов [EB/OL]. CNews，2013-07-04.

部队，旨在保护俄罗斯军事控制和通信系统免遭网络攻击。[①] 不过，俄罗斯杜马代表否认在武装部队体系中存在"网络部队"编制，但指出国家面临着保护本国信息空间的任务，并表示所有超级大国都在开发该领域。2014—2016 年间，国防部从未公开谈及信息部队的结构和规模。但熟悉国防部的人士谈到过信息部队的成就，求职网站公布过职位空缺，招募熟悉网络安全漏洞和逆向工程的员工，社交网络宣传片引导年轻人关注科技部队相对于传统部队的优厚待遇和技术优势。

2017 年 1 月，《生意人报》（*Kommersant*）报道说，获得一家俄罗斯网络安全公司的报告草稿，表示俄罗斯网络部队约有 1000 名士兵，每年军费 3 亿美元，综合排名世界前五。[②] 然而，后来发布的报告并未提及俄罗斯网络部队的规模。[③] 一个月后，俄罗斯国防部长绍伊古宣布，俄罗斯将创建信息部队，取代苏联时代的反宣传局。[④] 俄罗斯联邦委员会国防和安全委员会副主席表示，国防部这个新部门的详细信息处于保密状态，但媒体信息表明，该部队的目的是击退针对俄罗斯的网络攻击，并在电子、纸媒和电视媒体中曝光外国破坏行为。

3. 威胁情报国有化

安全化的下一步是威胁情报报告和共享能力的国有化和中心化，这是伴随国家 CERTs 的发展进行的，俄罗斯在该领域不断制定新法律，采取新步骤。

2013 年 1 月，俄罗斯总统普京签署了一项指令，建立一个系统，

---

① TASS：Источник в Минобороны：в Вооруженных силах РФ созданы войска информационных операций［EB/OL］. Tass，2014-05-12.

② Kommersant：В интернет ввели кибервойска［EB/OL］. Kommersant，2017-01-10.

③ КИБЕРВОЙНЫ 2017：БАЛАНС СИЛ В МИРЕ［EB/OL］. 2017-01，https：//www.zecurion. ru/upload/iblock/cb8/cyberarmy_ research_ 2017_ fin. pdf.

④ RBC：Шойгу рассказал о российских войсках информационных операций［EB/OL］. RBC，2017-02-22.

旨在检测、预防和消除计算机攻击信息资源所造成的不良后果，该机制的名叫 GOSSOPKA 的系统，归于联邦安全局（FSB）监管。① 俄罗斯出台这项大规模国家倡议，是为了在国家最重要的组织和实体之间建立信息共享系统，当遭受网络攻击时可以制定预防性保护措施。但是，俄罗斯并没有立即实施该指令，联邦安全局需要做一些筹备工作，设计该系统的结构，制定能够检测、预防、消除针对关键信息资源网络攻击的设备的技术要求。2015 年左右，GOSSOPKA 系统第一批"试点"中心出现在一些联邦政府部门中。

联邦安全局通过关于"关键信息基础设施"（CII）的法律，界定关键信息基础设施的范畴，分析其重要性，从关键信息基础设施安全角度整合 GOSSOPKA。2017 年 7 月，俄罗斯杜马通过了保障俄罗斯关键信息基础设施安全的 FZ-187 法案。② 该法案创建了 CII 对象的注册表。CII 对象包括信息系统、信息和电信网络以及 CII 拥有者的自动控制系统。③ CII 拥有者既包括所有国家机构，也包括经济、能源、生产和国防等所有部门的网络，还包括与上述网络关联的俄罗斯法律实体和个体企业。法案定义了 CII 对象的主题分类，确定其重要性和优先等级，确保将 CII 对象整合进 GOSSOPKA 系统中，通过组织和技术手段保障 CII 的安全。④ 同时，该法案把 GOSSOPKA 定义为一个由各个中心组成的系

---

① 俄罗斯报：Указ Президента Российской Федерации от 15 января 2013 г. N 31с г. Москва［EB/OL］. 俄罗斯报，2011-01-18.

② О БЕЗОПАСНОСТИ КРИТИЧЕСКОЙ ИНФОРМАЦИОННОЙ ИНФРАСТРУКТУРЫ РОССИЙСКОЙ ФЕДЕРАЦИИ［EB/OL］. 2017 - 07 - 19，http：//www. consultant. ru/cons/cgi/online. cgi？req＝doc&base＝LAW&n＝220885&fld＝134&dst＝1000000001，0&rnd＝0. 24774062659808 37#07294351284912781

③ 如何界定关键信息基础设施，仍然在进行过程中。电信运营商和互联网交换点并不希望自身被界定为关键信息基础设施，以避免付出 FZ-187 合规的巨大成本。

④ RBC：Нестрашные хакеры：почему не работает закон о критической инфраструктуре［EB/OL］. RBC，2019-02-01.

统，这些中心规模大小不等，分布在各个地方，交换有关网络攻击的信息。拥有 CII 的所有公司和公共机构都被要求成立这样的中心。此外，该法案还对《刑法》进行了修改（以 FZ-194 法案单独发布），明确了针对 CII 对象非法行为的刑事责任。①

2017 年底，俄罗斯总统签署了旨在加强 GOSSOPKA 的第二项指令。② 指令根据 FZ-187 法案授予联邦安全局对 GOSSOPKA 的执行控制权，监控国家信息安全等级，保障俄罗斯信息资源所有者、电信运营商和其他实体之间的信息分享，根据 GOSSOPKA 收集的信息，监测计算机攻击，防范未来攻击。但是，FZ-187 法案包含太多尚未解决的问题，无法完全实施。从 2017 年到 2018 年 7 月，联邦安全局、联邦技术和出口管制局、联邦政府相继发布规定，推动法案落地。

威胁情报集中化还体现在联邦安全局 2018 年 7 月发布的三项命令上。它们成立了俄罗斯国家计算机事件协调中心（NCCCI），规定了需要上交 GOSSOPKA 的信息清单。③ 它们还明确了 CII 主体可以交换有关计算机事件的信息。④ 这些规则既适用于 CII 主体之间信息交流，也适用于事件响应中的外国主体，如计算机应急响应中心（CERT）。NCCCI 为检测和应对计算机事件提供分析支持，权力很大。所有国际事件响应

① Sharxan：Преступление и наказание для владельцев критической информационной инфраструктуры РФ［EB/OL］. HABR，2018-01-10.

② предупреждения и ликвидации последствий компьютерных атак на информационные ресурсы Российской Федерации［EB/OL］. 2017-12-22，http：// static. kremlin. ru/media/acts/files/0001201712220008. pdf.

③ предупреждения и ликвидации последствий компьютерных атак на информационные ресурсы Российской Федерации［EB/OL］. 2018-07-24，http：// publication. pravo. gov. ru/Document/View/0001201809100002？index=0.

④ и Порядка получения субъектами критической информационной инфраструктуры Российской Федерации информации о средствах и способах проведения компьютерных атак и о методах их предупреждения и обнаружения［EB/OL］. 2018-07-24，http：//publication. pravo. gov. ru/Document/View/0001201809100003？ index=0.

互动都只能通过 NCCCI 进行。即便有特殊的合作协议，也必须告知 NCCCI。如果信息被认定威胁国家安全，NCCCI 可以拒绝与国外同行共享。

GOSSOPKA 通过 NCCCI 向 CII 主体提供应对计算机事件的方法和信息。后者隶属于联邦安全局的信息安全与特殊通信中心。NCCCI 现在正在接管 GOV-CERT 的功能和基础设施，GOV-CERT 也是由联邦安全局创立，创立于 2012 年，用于俄罗斯政府网络的事件响应。值得一提的是，俄罗斯联邦储蓄银行（Sberbank）在 2017 年也提出建设国家网络安全中心的想法，作为国内最大的国有银行和网络安全领域的巨头，试图接管国内信息安全领域的所有机构，包括 RU-CERT、GOV-CERT、FinCERT 和 GOSSOPKA。[①] 这个想法遭到网络安全专家的批评，专家认为尽管俄罗斯联邦储蓄银行在网络安全方面锐意进取，但由银行建立国家网络安全中心不切实际，事件响应规模也无法匹配。这个争议说明，俄罗斯迫切需要建立负责统一协调国家网络安全的机构。

在联邦安全局的监督下，俄罗斯已经花了五年时间，去建立由政府主导的威胁情报收集、分享和报告系统，论证其必要的法律基础。尽管如此，俄罗斯 CERT 的情况看起来仍然没有实现这一目标。至少有五个针对不同目的和行业的 CERT，尚未实现国有化或集中化管理：

（1）RU-CERT，由俄罗斯公共网络协会（Russian Institute for Public Networks）建立，该协会是一家为科教组织和俄罗斯互联网基础设施提供服务的研究所。RU-CERT 为俄罗斯和外国合法实体、执法机构及个人提供帮助，识别、防止和制止涉及俄罗斯境内网络资源的非法活动。它还收集、存储和处理俄罗斯内与恶意软件、网络攻击传播有关的统计数据。2001 年起，RU-CERT 自称是事件响应与安全组织论坛

---

① RBC：Киберспецслужба：Сбербанк предложил создать штаб борьбы с хакерами [EB/OL]. RBC, 2017-09-01.

（Forum of Incident Response and Security Teams）的正式成员和俄罗斯联络点，但是其工作效率遭到质疑。RU-CERT 仅在当地时间 10 点至 18 点工作（周末和法定节假日除外），网站上唯一的出版物是一份 2017 年关于网络钓鱼攻击的报告。这些内容很难证明它在事件响应中的工作效率。

（2）CERT-GIB，是隶属俄罗斯网络安全公司 IB 集团（Group-IB）的私营应急响应中心。IB 集团是俄罗斯威胁情报解决方案的供应商。CERT-GIB 全天候发布包括 DDoS 攻击、恶意软件、欺诈性网页在内的信息，与 .RU 顶级域名协调中心合作封锁 .ru、.su 和 .pф 域名中的有害网站。它是 FIRST 和欧洲安全与事件响应组织协会的成员，也是国际网络反恐多边合作组织（IMPACT）的合作伙伴。

（3）GOV-CERT.RU，由联邦安全局创立，旨在保护俄罗斯政府网络，协调州政府、地方政府和执法机构，识别、预防并消除国家信息和远程通信网络计算机事件的负面影响。尽管其网页和时间报告表格仍然可用，但具体功能已由 NCCCI 接管。除周末和法定节假日外，工作时间为 9 点至 18 点，这似乎也有悖于事件响应小组的设立初衷。

（4）FinCERT，由俄罗斯中央银行于 2015 年创建，旨在收集有关金融部门网络攻击的信息，并与执法机构、银行和金融机构交流，发布安全转移资金的准则。FinCERT 将自身定位为 GOSSOPKA 的行业中心，因为它专门处理金融和信贷部门的事件。

（5）KASPERSKY LAB ICS CERT，卡巴斯基实验室工业控制系统全球应急响应小组（Kaspersky's Industrial Control Systems Cyber Emergency Response Team）成立于 2016 年，致力于协调自动化系统制造商、工业设备所有者和运营商、信息安全研究员，以保护工业企业和关键基础设施设备。尽管 FZ-187 法案施行后，削弱了该团队在 CII 方面的重要性，但目前仍在运行。

其他私营部门参与者在事件信息共享方面也十分活跃。2019 年，Bi. Zone（俄罗斯联邦储蓄银行子公司）和俄罗斯银行协会推出了信贷公司之间信息共享平台。事实上，这个平台重复了 FinCERT 的工作。根据"数字经济"国家计划，Bi. Zone 希望通过降低成本去帮助那些需要与 GOSSOPKA 建立联系的中型企业。[①] 2018 年，俄罗斯电信巨头 Rostelekom 收购了 Solar Security，后者的主营业务范围是信息安全的目标监控和运营管理。俄罗斯电信巨头计划在 Solar Security 产品的基础上，创建一个国家网络安全运营商。Rostelekom 希望根据 FZ-187 法案，创建信息安全管理中心（SOC）和 GOSSOPKA 的公司和部门中心。此外，它还计划为电信行业创建 CERT。因为涉及承包商的大量投资，这些计划目前尚未明确。

综上所述，与私营部门的同行相比，公有 CERT 似乎并不太愿意全天候工作。FinCERT 另当别论，它是一个设计合理但仅限于金融部门的机构。NCCCI 仍需证明其效率。私人团队以客户为中心处理业务。同时，所有 CII 对象都应具有与 GOSSOPKA 对接的专门中心。实际上，GOSSOPKA 是在联邦安全局主导下的国家级计算机应急响应中心。建立这种中心是一项复杂且耗资巨大的任务。我们可以看到，这个行业的主要参与者不得不进行并购，以在创建 GOSSOPKA 中心的过程中获得现成的解决方案。目前还是有很多 CII 对象的运营商和所有者在技术、财务上均不具备施行 FZ-187 法案的能力。

4. 国家标准和技术

依靠国家标准和技术，有助于实现安全化进程。进口替代成为俄罗斯政府的热门词汇，主要基于两大原因。一是 2013 年斯诺登泄密事件，这表明美国国家安全局有能力利用漏洞和后门进行间谍活动。二是自

---

① Ведомости：Малый бизнес хотят защитить от кибератак через《дочку》Сбербанка [EB/OL]. Vedomosti，2018-10-17.

2014 年乌克兰和克里米亚事件之后，俄罗斯遭到一系列西方制裁，人们担忧依赖外国软硬件。

2015 年，与业界进行了长时间讨论之后，俄罗斯政府颁布禁令，禁止州和市政府采购外国来源软件。2016 年《俄罗斯联邦信息安全原则》也体现了该政策。文件指出："国内产业在电子零部件基础、软件、计算机设备和电子产品方面高度依赖外国技术、通信手段，使俄罗斯社会经济发展依赖于外国地缘政治利益。"因此，目标之一是在扩大信息安全领域服务范围和质量的同时，最大程度上降低由于国内 IT 和电子行业发展水平不足所引发的负面影响，确保信息安全。

根据《俄罗斯联邦信息安全原则》，俄罗斯通信和数字发展部（MoC）开始建设俄罗斯软件注册表。2016 年 1 月 1 日以来，注册表拥有超过 5000 项内容，包括操作系统、云存储、办公软件和数据库工具包。有趣的是，所有者类别中有"在所有权链（chain of ownership）中含有外国人的俄罗斯商业组织"这一项，说明在软件开发领域的进口替代存在问题。信息技术的进口替代本来不仅要考虑到公共部门，还应兼顾普通用户。但是，与流行软件相似的同款俄罗斯软件的第一版质量不高，在市场上竞争力不强。因此，国家公务员必须首先开始使用这些软件。2016 年 7 月 26 日，俄罗斯政府通过了三年过渡计划，让所有政府机关逐渐开始使用俄罗斯版本的软件。

软件替换过程带来了痛苦的成本。一些国家机构仍然使用外国软件，国内同款的使用体验非常不好。一些部门有时即便采购了俄罗斯版本软件，公务员还是会使用外国软件。2018 年底，俄罗斯通信和数字发展部下属的软件专家委员会宣布，将在登记表中排除任何外国来源的软件产品。此举针对已经或可能受到制裁的客户，以便他们可以全身心投入到俄罗斯技术。① 这个决定给那些早已注册的、基于国外或开源产品（约占总数的30%）的软件开发商带来了高昂成本，他们将有6个月左右的时间升级产品来达到标准。

5. 切断开关

安全化的最后环节是建立或重新确定网络切断开关的法律权限。目前，俄罗斯官方并未宣布主权网 RUnet 是否存在切断开关。俄罗斯一直关注为主权网 RUnet 设置外部切断开关（external kill switch），试图以此应对"不友好"国家对俄罗斯网络安全的威胁。关于切断开关的事情，要从 2014 年说起。根据总统要求，俄罗斯通信和数字发展部在 2014 年夏季进行了网络安全演习，目的是评估国家网络部分的安全性和稳定性及其与全球基础设施的连接程度。② 演习试图"评估潜在漏洞，确定在受到负面影响的情况下，产业、运营商和联邦行政当局联合工作的准备程度"。这些部门包括国防部、联邦安全局、内务部、TLD. RU／. РФ 协调中心、互联网技术中心（该中心支持 DNS 基础设施，维持与注册商的互动）、俄罗斯数据中心（MSK-IX）等。显然，他们测试了彻底关闭互联网的可能性。一年后，媒体报道了俄罗斯通信和数字发展部在网络安全演习后撰写的报告内容。报告声称，RUnet 容易受到外部攻击，需要对负责俄罗斯互联网运营的主要组织加强政府监管，创建备用 DNS 服务器和 IP 地址。在 2015 年全年和 2016 年部分时间里，俄罗斯政府经常抨击互联网名称与数字地址分配机构（ICANN）这家位于美国加利福尼亚的非营利组织。该组织负责 DNS 根的全球治

① Kommersant：Российский софт отключают от заграницы［EB/OL］. Kommersant，2018-12-12.

② The Ministry of Digital Development，Communications and Mass Media of the Russian Federation：Ministry of Digital Development，Communications and Mass Media of the Russian Federation［EB/OL］. The Ministry of Digital Development，Communications and Mass Media of the Russian Federation，2014-07-28.

理以及 IP 地址的地区分配。目前，ICANN 已向全球多利益相关方社群完成了移交，不再受美国商务部监管，但俄罗斯仍然希望将 ICANN 移交给国际电信联盟。

2017 年，俄罗斯政府又进行了一次网络安全演习，覆盖了更多的政府机构和电信运营商。① 在这次演习中，俄罗斯数据中心专门测试了 RUnet 的稳定性，假定一台根域名服务器删除了有关俄罗斯顶级域名 . RU 信息。俄罗斯数据中心的消息人士称，2017 年演习结果与 2014 年几乎相同："俄罗斯拥有备份根域名系统，如果根域名系统被滥用，这个备份系统能够长时间维持 RUnet 的正常运行，但是安全机构仍然担心根域名由外国组织管理。"② 2016 年，俄罗斯通信和数字发展部提出第一项针对俄罗斯关键互联网基础设施的法令，旨在保护 RUnet 免受外部关闭的影响。该法令在关键互联网基础设施问题上与当时正在酝酿的 FZ-187 的一些条款重合，因此陷入停滞，RUnet 的技术监管问题仍未得到解决。到 2018 年底，联邦委员会成员提出了一项有关国家互联网的新法案，被视为是建立合法切断开关的尝试，出发点是能够监视网络并保护其免受外部威胁和关闭。

在与车臣共和国因行政边界变更引发的抗议期间，印古什共和国移动互联网发生了关闭。事情发生在 2018 年 9 月底至 10 月，主要运营商拒绝用户访问 3G 和 4G 服务。11 月，俄罗斯联邦通信、信息技术和大众传媒监督局（Roskomnadzor）回应称运营商没有违反法律，他们的行

---

① The Ministry of Digital Development, Communications and Mass Media of the Russian Federation: Министерство цифрового развития, связи и массовых коммуникаций Российской Федерации [EB/OL]. The Ministry of Digital Development, Communications and Mass Media of the Russian Federation, 2017-12-19.

② Roskomsvoboda: В Минсвязи проверили возможность перехвата SMS и отключения зоны . RU от интернета [EB/OL]. Roskomsvoboda, 2017-12-26.

为是依法行事。①

当前的情况说明，RUnet 并没有设置总体切断开关。俄罗斯官方承认，这种激进措施只会损害国民经济，破坏各部门日常运作。俄罗斯担忧来自外部的威胁和关闭，于是制定新法律，保护 RUnet 免受入侵，一些方案看起来很奇怪，干扰流量路由并试图建立集中控制点，这些动作实际上削弱了网络的韧性。

（三）信息流动的领土化

信息流动的领土化包括外部内容过滤、数据本土化法律和地域屏蔽。俄罗斯综合利用各种方式，逐步对数据和信息进行领土化，制定封锁非法内容网站、过滤搜索引擎结果的法律。

1. 内容过滤

首次过滤尝试始于 2012 年，俄罗斯通过 FZ-139 法案建立了包括域名、URL 和网络地址在内的专门注册表。注册表由 Roskomnadzor 管理。FZ-139 禁止的信息包括儿童色情、毒品宣传和自杀信息。后来，FZ-398 法案添加了大规模骚乱、极端主义活动、违反既定程序的大规模公共活动等内容。FZ-187 法案又称反盗版法案，允许应权利所有者要求，封锁未经许可内容的站点。要将网络资源添加到注册表中，需要由法院做出决定，或通过联邦执行机构要求 Roskomnadzor 封锁网络资源。

根据 2012 年的这些规定，当发现包含禁止信息的网站时，Roskomnadzor 必须确定网站的托管提供商，向提供商发送有关删除此类信息的通知。如果网站所有者或托管提供商未在三日内删除信息，则将站点记入注册表。注册表必须在莫斯科时间上午 9 点和晚上 9 点之间更新。网

---

① Kommersant：Ингушскую связь накрывали погонами［EB/OL］. Kommersant, 2018-11-15.

络运营商有义务在更新之日起 24 小时内限制被登记的网站。有意思的是，托管提供商可以自由决定在技术上如何执行 Roskomnadzor 的封锁和过滤决策。

2015 年，Roskomnadzor 开始开发一种名叫"Revizor"的特殊系统，检查运营商是否按照规定封锁被禁互联网资源。这是软硬件的结合体，会自动检查运营商是否封锁网站，如果没有，则视为违反管理规定，可以给运营商开罚单。2017 年，该系统已经覆盖了 95% 的运营商。

2017 年夏，俄罗斯总理梅德韦杰夫签署了"数字经济"国家计划，其中包含一项条款，在 2019 年前为使用信息资源的儿童建立全国互联网流量过滤系统。[①] 俄罗斯安全互联网联盟（The League of Safe Internet）是 2011 年成立的隶属于政府的非政府组织，为保护儿童而进行互联网审查。联盟是过滤系统的主要倡导者之一，负责人大卫杜夫（Denis Davydov）阐述了实现这个目标的两种方案：要么流量过滤只用在教育机构中，要么覆盖所有 RUnet 用户。[②] 换句话说，这是为了儿童安全而引入的"白名单"。大卫杜夫表示，系统可以按如下方式工作：公民可以访问"白名单"网站，如果要访问未经过滤的内容，需要在应用上打勾或取消打勾。安全互联网联盟有网站的"白名单"，包含超过一百万个资源，还开发了两套过滤系统。第一个是浏览器加载项，可以显示白名单中受信任的网站。第二个是组合软硬件，安装在运营方。联盟已经在俄罗斯的多个地区测试了该系统。

2018 年夏，俄罗斯杜马通过了一项法律，如果搜索引擎运营商拒

---

① ПРАВИТЕЛЬСТВО РОССИЙСКОЙ ФЕДЕРАЦИИ［EB/OL］. 2017-07-28，http：//static. government. ru/media/files/9gFM4FHj4PsB79I5v7yLVuPgu4bvR7M0. pdf.

② Владимир Зыков：В России появится национальная система фильтрации интернета ［EB/OL］. IZ，2017-08-02.

绝连接联邦州信息系统以过滤非法信息，将被处以罚款。① 法律生效之后，Roskomnadzor 向谷歌、Yandex、Sputnik 和 Mail. Ru 发送了相关要求。按照 Roskomnadzor 的说法，除谷歌外，其他运营商都在 10 月底前与系统建立了连接。2018 年 12 月，Roskomnadzor 对谷歌处以 50 万卢布的罚款。② 谷歌在一个月后支付了罚款。Roskomnadzor 表示正在考虑修改法律，寻求在遇到不服从时，是否可以关闭搜索引擎。③ 谷歌后来从搜索结果中删除了 Roskomnadzor 黑名单网站的链接。④ 尽管谷歌尚未连接到联邦州信息系统，自动进行过滤，但谷歌员工已经开始人工清理信息，在分析了删除原因之后，做出从搜索结果中排除链接的决定，而不是像俄罗斯搜索引擎那样，通过机器人分析。谷歌并未正式承认这种做法。有观点认为，谷歌将从沉默中受益，既不拒绝也不承认，一方面满足了 Roskomnadzor 的要求，另一方面避免了进行互联网审查声誉风险。⑤

2. 数据本土化

个人数据存储与处理本土化法案（FZ - 242）在 2016 年生效，LinkedIn 首当其冲成为第一个牺牲品。由于拒绝将包含俄罗斯公民个人数据的服务器转移到俄罗斯境内，LinkedIn 在俄罗斯遭到封锁。⑥

---

① О внесении изменений в Кодекс Российской Федерации об административных правонарушениях［EB/OL］. 2018-06-27, http：//publication. pravo. gov. ru/Document/View/0001201806270048？index=0&rangeSi.

② RBC：Роскомнадзор оштрафовал Google и пообещал проверить Twitter и Facebook ［EB/OL］. RBC，2018-12-11.

③ Kommersant：Google оплатил выписанный Роскомнадзором штраф 500 тысяч рублей ［EB/OL］. Kommersant，2019-02-01.

④ Ксения Болецкая：Google начал удалять из поиска запрещенные в России сайты ［EB/OL］. Vedomosti，2019-10-06.

⑤ Александр Плющев：Комментарий：Google начал цензурировать поисковую выдачу в России？［EB/OL］. DW，2019-02-08.

⑥ Lenta：В России заблокировали LinkedIn ［EB/OL］. Lenta，2016-11-17.

FZ-242法案要求所有存储和处理俄罗斯公民个人数据的公司，包括外国公司，都必须使用俄罗斯境内的数据库。如果外国公司已经将数据库存储在国外，则应将其转移到俄罗斯。微软、三星、联想、全球速卖通AliExpress、eBay、PayPal、优步、Booking.com 等主要巨头不再使用物理方式安排数据库，而是开始使用云服务处理个人数据，避免违反FZ-242法案。2008 年，脸书、推特等主要社交网络公司都曾就相关事宜进行谈判。Roskomnadzor 要求两家公司提供是否遵守数据本土化法律的信息，两家公司并未能提供一致的报告，来证明如何遵守或计划未来如何遵守法律。Roskomnadzor 因此对两家公司提起了民事诉讼，称它们没有提供合规信息，违法了法律。[1] FZ-242 规定，未告知个人数据存储的公司将会因为没有向国家机关提供信息被处以罚款，而Roskomnadzor 也有权像封锁 LinkedIn 那样封锁违反数据本土化法律的公司。

（四）关键互联网资源的调整

穆勒提到的最后一种，也是最有趣的方法是，沿国境线划分全球域名和 IP 地址空间，使各个国家在其领土上针对互联网治理发挥出更大的杠杆作用。自从 2016 年以来，俄罗斯出现了通过复制 DNS 和编号资源使互联网的国家部分独立的说法，总体思路是保护 RUnet 避免被敌对势力（暗指美国）从外部关闭。

早在 2014 年 10 月，俄罗斯安全理事会召开了一次会议，讨论第一次网络安全演习的结果，俄罗斯通信和数字发展部被要求想办法解决RUnet 所面临的威胁。2016 年 11 月，俄罗斯通信和数字发展部首次提出法案，描述了俄罗斯互联网关键基础设施的基本要素及其法规。2016

---

① Ryan Browne：Russia opens civil proceedings against Facebook and Twitter ［EB/OL］. CNBC，2019-01-21.

年和 2017 年，俄罗斯通信和数字发展部相继提出了多个版本，希望通过借助添加互联网关键基础设施及其基本元素的定义，来修订现有的通信法。这些定义包括互联网交换点（IXPs）、国家顶级域名注册机构、IP 地址和 AS 号码。此外，法案还提议建立国家信息系统（State Information System），确保全球互联网当中俄罗斯国家部分的完整性、稳定性和安全性，该信息系统叫作 GIS Svyaz，必须包括以下信息：

（1）流量交换点，包括电信运营商和信息发布的组织者。

（2）网络地址和这些网络地址拥有者的个人信息。

（3）互联网自治系统号码（ASN），获得这些信息的相关个人/实体的数据以及获得信息的日期。

（4）互联网数据包的路由政策。

起初，监管部门仅仅建议电信运营商使用 GIS Svyaz，但是 2017 年 8 月的草案明确要求电信运营商只能使用 GIS Svyaz 连接被批准的流量交换点。法案还限制了外国对流量交换点的所有权。GIS Svyaz 在一定程度上复制了 RIPE NCC（欧洲地区互联网注册网络协调中心）数据库。产业部门和主要的电信运营商对法案表示强烈不满。[①] 法案本身因为预算问题受阻。据估算，GIS Svyaz 可能会耗费超过 10 亿卢布。2018 年 1 月，有消息称，俄罗斯通信和数字发展部对法案内容进行了修改，吸纳了电信行业的所有反对意见。[②] 无论如何，更新版本尚未发布，也

---

① Заключение на проект федерального закона " О внесении изменений в федеральный закон " О связи" " [EB/OL]. 2016-11-15, https：//open. gov. ru/upload/iblock/b30/b30cd6c520580c9c5f445cf8a5a9b5a8. pdf.

② Татьяна Шадрина：Минкомсвязь переработала поправки о пропуске трафика в сетях связи [EB/OL]. 俄罗斯报, 2018-01-23.

从未提交给国家杜马。相反，国家杜马在 2018 年底颁布了新法案。①

　　法案为俄罗斯负责互联网运营的所有组织制定了新规，要求网络运营商按照 Roskomnadzor 规定，通过国家专门注册表列出的交换点进行流量路由。如果出现威胁到俄罗斯互联网完整性、稳定性和安全性的情况，Roskomnadzor 将"集中管理公共通信网络"。法案尝试建立一个国家域名系统："为了确保互联网的可持续运行，正在酝酿建立一个用来获取域名信息（或网络地址）的国家系统，作为一套相互关联的软件和硬件，存储、获取有关域名相关网络地址的信息，包括俄罗斯国家域名空间中包含的地址，并授权进行域名解析。"最后，法案规定所有网络运营商必须安装特殊技术手段来应对网络威胁。这些手段用来实现双重目的：保护 RUnet 免受外部威胁，屏蔽 Roskomnadzor 黑名单中的网络资源。目前运营商仍然需要自己进行内容过滤。法案并没有明确表示如何达到这些目标。无论如何，尽管法案缺乏对技术和财务的可行性论述，但还是通过了国家杜马的初审。政府对法案表示了有条件的支持。值得关注的是，立法者必须明确指定，具体哪些威胁会影响到 RUnet 完整性和稳定性。

　　这两个立法都表明，俄罗斯政府致力于寻找方法，使 RUnet 尽可能独立于 ICANN。

　　（五）结论

　　事实证明，俄罗斯确实在实施使互联网与俄罗斯国界线保持一致的政治意图。在过去的十年中，穆勒提出关于重构（alignment）的观点可以对标俄罗斯网络空间的发展。

　　第一，随着《俄罗斯联邦信息安全原则》更新版的出台，国家安

---

① Ilona Stadnik：Russia tries to double down on a "national" Internet ［EB/OL］. Internet-governance，2018-12-23.

全球化的进程已经完成。尽管如此，俄罗斯内部仍然不承认网络空间军事化。俄罗斯在国际场合要求"和平使用信息通信技术"，预防国际网络空间军事化，制定负责任的国家行为准则，避免发生冲突。然而，早在 2017 年，时任国防部长公开谈论新的信息作战部队。其中的缘由可能基于大国尊严，网军已经是超级大国的现代必备装备。又或者是，已经没必要隐藏这样的力量。

第二，联邦安全局部署 GOSSOPKA 系统，是威胁情报汇报国有化和集中化的例证。GOSSOPKA 积累政府和国有公司网络上各种有关计算机事件的信息，制定应对网络攻击的方案，提出消除或减少网络犯罪的建议。俄罗斯成立 NCCCI，吸纳了 GOV-CERT 的一些功能。俄罗斯针对特定行业拥有多个计算机应急响应团队，私人团队更加活跃，NCCCI 仍需证明其效率。未来将出现市场份额方面的竞争。

第三，俄罗斯被制裁后才开始减少对进口软件和硬件的依赖，目前尚不能完全依靠国产 IT 和安全方面的技术标准。建立俄罗斯软件注册机构收效甚微，俄罗斯政府部门尚未完成向国产技术的过渡，何况是全体国民。俄罗斯软硬件开发商要想和外国产品一决高下，还有很长一段路要走。值得注意的是，没有人谈及在互联网协议方面制定国家标准，因为拒绝使用全球互联网毫无裨益。

从 2014 年起，俄罗斯已经进行了几次试图合法化互联网切断开关的尝试。通过 RUnet 等相关法律，俄罗斯想要保护 RUnet 免受敌对国家从外部关闭。但俄罗斯立法者并没有深思熟虑，当整个 RUnet 只有一个指挥和控制中心时，通过技术手段对互联网进行中心化管控，反而会使其更加脆弱。最近两部法案都试图定义关键互联网基础设施，并使之与国界保持一致。他们尝试复制 DNS，复制 IP 和 ASN 数据库、干涉流量路由，最大程度减少流量跨境流动，封锁来自国外的不必要流量。通过这些法案并不容易，即便任何一项法案获得通过，也并不意味着它们会立即实施生效。有关互联网关键基础设施的法律和其他与电信行业有关的例子表明，执行协议需要两三年，因为此类法律主要是框架，需要其他法令和规定阐明具体程序，并明确联邦执行机构的职责。如果立法者最终真的找到能使 RUnet 独立的同时，又仍与全球互联网连接，这将是互联网分裂的危险开端。

最后，信息流动领土化的趋势仍在如火如荼发展。我们看到俄罗斯在内容过滤和网站拦截方面日趋采取严格措施，但是，除了处以罚款或全面屏蔽的方法以外，Roskomnadzor 仍然没有能力迫使外国互联网服务提供商全面执行内容过滤和数据本土化要求。

对俄罗斯政府来说，使互联网与其主权保持一致是一个非常诱人的想法，但这并不是最明智的方案，虽然已经完成了一部分工作，但是最重要的技术方案仍在酝酿之中。

二、俄罗斯主权网法律详解①

2018 年 12 月，俄罗斯提出了一项促进全球互联网之俄罗斯部分"稳定运行"的法案，被大众媒体和公众称为"主权网"。虽然人们对落实"主权网"的技术可行性心存疑虑，但 5 个月之后该法案获得采纳。该法案雄心勃勃，旨在控制互联网流量，并保护主权网免受外部威胁。然而，立法者至今仍不清楚该如何落实该法案。

这并不是俄罗斯立法者第一次尝试使用领土概念控制互联网。早在 2014 年，俄通信部就曾经提起过一个法案，用来界定主权网内关键信息基础设施的要素，控制流量交换点和跨境通信线路。第一部法案的主要内容是创建一个国家信息系统，该系统包含流量交换点数据库副本、

---

① Ilona Stadnik：A closer look at the "sovereign Runet" law［EB/OL］. Internetgovernance，2019-05-16.

自治系统号（ASN）、IP 地址分配以及路由政策等。当处理国内信息流通的时候，俄罗斯电信运营商应该使用国家信息系统。但这里说的"国家互联网"仅仅指的是复制现有 RIPE NCC 数据库，并没有任何技术意义，因为这些数据需要不断更新，以保持实际的路由信息。

对 2014 年法案的讨论持续了两年之久，对它也做了很多修改。2018 年 1 月，新闻报道提及该法案采纳了电信行业意见，据称达成了妥协，但该法案从未被提交给国家杜马进行辩论和批准。相反，2018 年 12 月，三位议员联合提交了一部新法案，与互联网基础设施问题并无直接联系，此举是为了使杜马尽快启动对法案的审议，而不必像通信部法案那样与其他相关部委和安全部门进行额外协调。

据俄罗斯通信部 MoC 前员工透漏，对这两项法案最感兴趣的部门是俄罗斯国家安全委员会（Security Council）。自从 2014 年反俄制裁和克里米亚互联网服务障碍之后，俄罗斯需要确保全球互联网的俄罗斯部分的稳定性和安全性。甚至，早在 2006—2007 年，当时俄罗斯国家安全委员会和总统就开始关注外部互联网关闭的可能性。他们认真分析了美国单方面采取行动使俄罗斯 DNS 无法正常运转的可能性。俄罗斯一直以来都坚持不懈地提出各种方案，试图将 ICANN 职能转移到国际电信联盟，并持续批判 ICANN 是一家基于美国的公司。

另一个担忧是俄罗斯互联网流量的流通。一些高级官员认为，俄罗斯许多互联网流量经由外国网络运行。由于成本低廉和互联网服务供应商之间的竞争等因素，这种情况确实存在。俄罗斯电信监管机构 Roskomnadzor 在这个问题上做文章，认为不能使用环流量（loop traffic），因为外国情报机关可以监视流量或捕捉到它，并用其他东西取而代之。2019 年提出新法案的代表们和参议员们听到了完全相同的理由。

对这两项法案感兴趣的另一个部门就是俄罗斯电信监管机构 Roskomnadzor。自从 2012 年以来，该监管机构获得了非常广泛的权力，可以封锁被禁止的互联网资源。然而，Roskomnadzor 未能成功封锁 Telegram Messenger，使该监管机构的名声受损。2018 年 4 月高峰时期，Roskomnadzor 封锁的 IP 地址高达 1800 万条。这对许多第三方服务和互联网业务产生了负面影响，显然，Roskomnadzor 希望获得新法律的授权，加强控制和封锁互联网交通。

（一）法律内容

2019 年 5 月 1 日，普京总统签署了新法律，距离法案推出以来仅花了 5 个月的时间，并且在 6 个月之后（2019 年 11 月 1 日）立即生效，这种立法速度堪称神速。法律的内容的关注点与 12 月第一稿没有太多出入。文件基本上包含了对"通信"和"信息"两项现行法案的修订。

简而言之，法律规定如下：（1）负责俄罗斯互联网稳定运行的主体是电信运营商和下列设施的相关所有者和/或经营者：①技术通信网络（用于运输/能源和其他基础设施的运营，不连接公共通信网络），②流量交换点（traffic exchange points），③跨境通信线路，④自治系统信号（ASN）。电信监管机构 Roskomnadzor 负责登记注册后面三类内容，所有主体必须参加维护 RUnet 稳定的常规演习。（2）如果 RUnet 的稳定和安全受到威胁，那么 Roskomnadzor 可以对通信网络实施中心化管理，为电信运营商和其他相关主体制定路由政策，并协调连接。（3）电信运营商需在其网络中安装安全技术手段，捍卫俄境内互联网运营的稳定性、安全性和完整性。这些技术手段还将被用于流量过滤和阻止访问被禁的网络资源。（4）该法律建立了一个中心，监督和控制 Roskomnadzor 负责监管的公共通信网络。（5）该法律建立了一个国家域名系统。

（二）关于该法律的争论

根据代表和参议员（3 名来自杜马，1 名来自联邦委员会）在阅读法案期间的陈述，采纳该法律的动机可归纳为以下几点。第一，该法律主要动机是对美国最新网络安全战略的回应。俄罗斯立法者在解读美国战略时，认为美国在动用网络攻击能力保护美国网络和利益时，会对俄罗斯网络构成直接威胁。

俄罗斯正在实施名为"数字经济"国家计划（Digital Economy program），而数字经济高度依赖互联网，因此需要加速法律出台。统一俄罗斯党代表 Arshinova 表示："要保护俄罗斯人的数字生活方式，就要确保俄罗斯主权网的主要服务的稳定性和俄罗斯互联网资源的可靠性，就需要建立国家基础设施来保护主权网，而俄罗斯没有互联网根服务器，有可能被威胁切断互联网。"

俄罗斯自由民主党代表、该部法律共同起草人 Lugovoy 提及 2012 年 11 月叙利亚互联网关闭的例子，表示是美国国家安全局策划了叙利亚事件，以此来说服他的同僚。实际上，这个案例具有争议性。还有人提及 2014 年西方以克里米亚问题对俄罗斯进行的制裁，导致俄罗斯电子支付交易中断，俄罗斯为了避免金融崩溃，被迫建立了自己的电子交易系统"МИР"。还有代表表示，依据数字经济计划，必须"大幅减少"环流量（loop traffic）。

统一俄罗斯党代表 Arshinova 表示："虽然该法案的名称是自治的主权网 RUnet，但是，如果你仔细研究该法所提出的改革，就会发现，它并不主张建设一张独立的主权网，也不主张将主权网变成一个不与全球互联网交流的封闭系统，这部法案并不是为了孤立，而是为了保障俄罗斯经济和社会其他部门顺利运行，最重要的是，保护俄罗斯公民的数字生活方式。"

法律的另一共同起草人、参议员 Klishas 表示，虽然从技术层面上来说，俄罗斯有可能被断开与互联网根服务器的连接，但是他并不认为美国公司（ICANN 和 Verisign）可以按照美国政府的命令"清除"俄罗斯域名的所有记录。所有利益相关方之间的信任与合作是关键互联网基础设施治理的基石，如果 ICANN 真的这样做了，那将永远失去可信度，若失去权威的域名协调中心，将会威胁到整个互联网的稳定性。如果从美国利益出发考虑这个问题，这会是美国政府最不愿意做的事情，因为这种做法会直接违背美国的全球化政策，影响互联网在全球的扩散。

尽管如此，也有一些反对党代表发出一些批评的声音，表示该法可能被用来压制舆论。他们要求该法案的支持者列出法律应该保护主权网免受哪些威胁，这事关公民获得可靠信息的宪法权利。正义俄罗斯党（Just Russia）代表 Nilov 说："该法的起草人没有列举主权网具体面临哪些威胁，而是表示将在演习之后才能确定，然后要求我们先采纳该法律之后再做演习，这种逻辑行不通。"

一个引发批评的地方是，如果在 Roskomnadzor 中心化管理期间发生网络崩溃，那么谁该为此承担责任？法律免除了运营商的责任，但没有转移给任何人，运营商只能向 Roskomnadzor 询问其网络中的异常情况。

俄罗斯共产党代表 Kurinnyi 说："无论这项法案的名字是什么，它的主要目的是控制跨境信息流通，这一点毫无疑问。他们说，所有这一切都是为了公共利益，为了公共利益而复制域名基础设施，甚至不需要对法律进行适当的修改就可以在 Roskomnadzor 或交通部实施。该法具有极高的约束性，目的是强制执行我们先前通过的那些法律。"该代表暗示，Roskomnadzor 没有实力封锁 Telegram Messenger，也不能迫使 Twitter 和 Facebook 等外国公司本地化俄罗斯公民的个人数据。

俄罗斯共产党代表 Yushchenko 说："现在我们被要求在一读时通过关于保护'某事某物'的法案。下一步该怎么办？如何避免将现在的公共互联网变成一个企业内网？"

一些代表注意到主权网的一个致命弱点——公共通信监测和控制中心。如果存在一个单一的控制中心，那就意味着容易被攻陷，从而使整个主权网瘫痪。最后，代表们对预算问题十分不满。起初，该法案的财政解释称"联邦法案的通过和实施都不需要联邦预算的支出"。但后来，这笔钱被列入国家数字经济项目的预算当中，208 亿卢布用于购买设备以应对威胁，45 亿卢布用于国家域名系统，55 亿卢布用于开发必要的硬件和软件。

甚至，早在一读之前，技术社群就对法案中的措施表示否定。IT 产业界虽然总体采取了模棱两可的支持立场，但也略微批评了该法案。国家杜马信息政策、信息技术和通信委员会举办了唯一一场专家会议，IT 行业、电信、公共组织和政府官员齐聚一堂，部分谈话内容泄露给了媒体。在 33 位发言人中，有 13 位代表明确反对或强烈反对该法案：三大电信运营商 MTS、VimpelCom、MegaFon，计算机与信息技术产业协会（Association of Computer and IT Enterprises），纪录片通信协会（Association of Documentary Telecommunication），互联网技术中心（Technical Center of Internet），.RU 协调中心（Coordination Center for TLD.RU），俄罗斯电子通信协会（Russian Association of Electronic Communications），地区公共组织"互联网技术中心"（Center of Internet-technologies）。

产业界主要关心下列问题：（1）黑箱子（black boxes）。Roskomnadzor 向电信运营商提供的对抗威胁的技术手段将极大地影响通信质量。从法律条文上可以看到，运营商几乎可以免于承担未来网络崩溃的责任。此外，法律既没有考虑到安装和维护的成本，也没有考虑到网络的发展和增长。运营商在此方面将不得不花费数十亿卢布，这将限制自身发展。（2）立法者混淆了技术威胁和内容威胁，使用"黑箱子"不可能同时解决这两个问题。（3）关于复制互联网基础设施关键部分和域名，俄政府以前已经与产业界达成了一致意见。几位电信业代表提出质疑，为什么立法者不继续推动与产业界达成共识的先前的法案，而要创建一份新文件，并添加一个雄心勃勃的目标——过滤主权网 RUnet 的所有流量。

尽管"千夫所指"，但这部法律还是在批评声中被通过。立法者无法证明该技术手段安全可靠，甚至谎称不会降低通信质量。俄罗斯搜索引擎 Yandex 案例能够说明很多事情。2019 年 3 月，攻击者对俄罗斯几大互联网资源发动 DNS 攻击，Yandex 是受害者之一。这种攻击正是利用了前文解释过的 Roskomnadzor 封锁系统当中的漏洞。由于这次攻击，一些小型运营商阻止了对 Yandex 某些 IP 地址的访问，大型运营商使用 DPI 系统封锁内容，被迫通过 DPI 系统将所有流量传递给 Yandex 服务，极大降低了用户访问 Yandex 的速度。虽然 Yandex 连续几天击退了攻击，但是用户注意到访问速度的降低。这个案例表明了未来大规模数据检查的瓶颈：设备无法应对带宽。

（三）思考

仔细分析该法律，可以得出结论：法律起草者以电话通信作为参照物来起草法律，并不真正理解互联网的运行方式。并且，起草者近乎盲目偏执地相信"黑箱子"的魔力，认为该技术手段会过滤互联网交通，保护 RUnet 免受大规模未知威胁的攻击。

从这个角度来理解，该法律的目标似乎是以国家安全为名义来推进审查制度。Twitter、Facebook 和 Telegram 等公司不按照俄罗斯法律进行本地化，损害了 Roskomnadzor 的名声，政府将不允许这些公司继续"唱反调"。

当然，也有人认为，对于俄罗斯来说，网络安全确实是一个严重的问题，应该通过某种方式加以解决。然而，这部法律提供的措施并不能解决这些问题。正相反，这些措施反而会降低访问的质量，通过中心化管理公共网络，反而使主权网比现在更容易受到攻击。

这部法律有可能重蹈"反恐修正案"的覆辙，反恐修正案对服务供应商提出储存要求，对于语音通话、数据、图像和短信等内容，储存6个月，对于通信元数据，储存3年。法律于2018年10月生效，但是，从那时起，没有一家服务供应商按照要求储存数据，因为他们没有存储如此大量数据所需的必要设备，市场上也仍然没有现成的解决方案。并且，对于建立国家技术解决方案，政府也正在为之努力。

可以想象，开发流量管理设备，以满足Roskomnadzor公共网络监测和控制中心的需求，开发技术手段，满足国家域名系统的需求，涉及极大的工作量，可能需要几年时间才能完成。

接下来，Roskomnadzor会对解决方案进行现场测试，这些测试会证明全面控制所有互联网交通的荒唐之处。终端用户和企业界需要做好服务中断的心理准备，一些互联网服务会被拒绝，并且没有人会赔偿企业界的损失。乐观主义者认为没有必要担心，人们并不会真正执行该法律。

三、俄罗斯"断网测试"及其启示

（一）俄罗斯"断网测试"及其直接动机

如上，2019年12月，为了保障俄罗斯互联网在任何情况下都能无间断运行，俄罗斯通信部与相关政府部门及企业举行了首次全俄罗斯互联网、物联网和通信网运行稳定保障演习。这场演习被外界称作"断网测试"或者"防断网测试"。

俄罗斯从法律与技术上为这场测试进行了较为充分的准备。2019年5月，俄罗斯总统普京签署了《主权互联网法》，要求俄罗斯在国内建设一套独立于国际互联网的互联网基础设施，确保其在遭遇外部断网等冲击时仍能稳定运行。俄罗斯此前已经进行过类似演习，未来仍将继续演习。

俄罗斯出台《主权互联网法》、进行"断网测试"的外部原因是出于对美国政府的不信任和对互联网名称与数字地址分配机构（ICANN）仍受美国加州法律管辖的担忧。美国在1998年成立非营利机构ICANN，曾经垄断互联网域名体系、协议参数、根服务器等关键技术资源的治理。

自从2003/2005年信息社会世界峰会以来，世界各国各界对于ICANN的地位，曾经有过加法方案和减法方案等多种改革方案。加法方案体现为废除美国政府在互联网关键技术资源治理方面的一些特殊地位，即取消美国商务部电信与信息管理局（NTIA）与ICANN签署的互联网关键职能管理权合同，并且将ICANN置于联合国管辖之下，比如，利用国际电信联盟（ITU）接管ICANN。减法方案反对联合国接管ICANN，只要求废除美国政府的一些特殊地位。

俄罗斯是加法方案的坚定支持者。2012年11月，俄罗斯向ITU提交27-C文件，要求在新版国际电信条约中增加关于互联网治理的核心内容，用ITU架空ICANN在互联网治理上的作用。俄罗斯提案直接要求新条约涵盖ICANN职能，只将互联网定义为一项全球电信基础设施和跨国资源。相反，美国向ITU提交9-C文件，所提出的互联网概念涵盖了ICANN、IETF等新兴治理机制，要求ITU不能染指互联网关键技术资源治理。

美国政府当时既反对加法方案，也不赞成减法方案，只要求维持治理现状。但是2013年斯诺登泄密事件之后，美国迫于全球压力，不得不在这方面做出让步，"两害相权取其轻"，改为支持减法方案，最终克服了以参议员克鲁兹（Ted Cruz）为代表的国内强硬派所设置的重重阻碍，在2016年10月向全球多利益相关方社群移交了互联网关键职能管理权。强硬派总统特朗普上台之后，一度试图收回管理权，但以失败告终。

ICANN向国际化迈出关键一步，美国国内进步力量在此方面付出极大努力，在民粹主义、极端主义绑架美国政治的前夜，顺利实现了移交。但是，俄罗斯等许多国家，仍然质疑 ICANN 位于美国加州、受美国加州法律管辖。俄罗斯担心遭到美国制裁导致无法用网，并引用金融领域发生的事件进行佐证。2014 年西方以克里米亚问题对俄罗斯进行制裁，曾导致俄罗斯电子支付交易中断，俄被迫建立了自己的电子交易系统，维护金融主权。

俄罗斯下一步计划扩大"断网测试"的范围，筹建一张更大的、相对独立的主权网，如"金砖国家主权网"。2017 年 10 月，俄罗斯联邦安全委员会要求俄政府开始行动，俄罗斯总统普京要求在 2018 年 8 月之前完成建设。俄罗斯无法聚集足够的政治、技术、资金力量单枪匹马地完成这个计划，因此动员其他金砖国家联合起来做事情。俄罗斯在 2019 年 12 月西方圣诞节前夕进行"断网测试"，并且大张旗鼓地进行高调宣传，这种行为体现出针对非西方国家的宣传与推广属性。

（二）中俄所面临国际关系局面与网络安全挑战之差异

关于中国是否应该跟随或者支持这条替代方案，中国网信战略界出现了截然不同的观点。中国云安全联盟理事长方滨兴院士、互联网域名系统国家工程研究中心主任毛伟、中国信息通信研究院互联网法律研究中心研究员程莹、浙江传媒学院互联网与社会研究院院长方兴东等专业人士通过会议发言、媒体采访、撰写文章的方式表达过诸多深刻的见解。

一种观点认为中国可以跟随俄罗斯建立一套备用方案，一方面对冲来自美国科技脱钩的战略压力，另一方面应对紧急情况。另一种观点认为，中国应该跟俄罗斯的这种极端方案保持距离，捍卫"全球一网、互联互通"，不采取不信任行动，多表达建设性言论。

本书认为此类问题并没有标准答案，但中国当下仍然应该支持第二种观点，虽应充分理解俄罗斯的行动，但应与之保持距离，尤其是不能推广跨国备份方案。中国需要区别对待互联网技术属性与其他属性，加大支持以 ICANN 为代表的现有体系与治理理念，继续推动维护互联网关键技术资源及其治理的相对独立性、中立性，促进其治理的国际化、全球化，极力避免其政治化、意识形态化，避免给美国国内强硬派、民粹主义代言人提供重新介入 ICANN 相关问题的口实与借口。

中国应当将以互联网域名体系、协议参数、根服务器为代表的互联网技术属性与其他属性区分开来，将其当成一个相对独立的范畴来对待，尤其要注意将其与网络内容等意识形态属性区分开来，继续捍卫"全球一网"共识，维护各国在数字经济时代的相互依赖性，支持 ICANN 技术社群及其多方理念，共同保护网络空间的信任通道。

中国所面临国际关系局面虽然日益严峻，但所感知到发展与安全的关系，所面临的数字时代挑战、所建构的网络结构与俄罗斯存在根本差异。在苏联分崩离析、东欧改弦更张的背景下，主要西方国家没有放弃对俄罗斯的围追堵截，反而变本加厉，持续施加经济制裁。西方甚至重新认识二战等重大历史事件，抹杀苏联在反法西斯战争中付出的沉重代价，将苏联与纳粹德国画等号。这些在实际经济层面与观念层面全方位的围堵行为在一定程度上导致了俄罗斯的经济困境，逆向强化和塑造了俄罗斯的国家安全视角，导致俄罗斯经常采取以牙还牙式反制行动和颠覆破坏式国际方案。

与此相反，中国早在 20 世纪 70 年代末 80 年代初就获得了宝贵的发展机遇，在经济领域实现了许多发展中国家所梦寐以求的发展目标，如贸易平衡、经济领域国际组织决策权等。中国数字经济实力强大，地缘以及语言文化优势明显，用户主要使用自己的平台，领导层比俄罗斯甚至欧洲更早、更深刻、更全面地认识到网信问题的重要性与全局性，因此对本国网络主权的保护已经较为完整，在面对美国时所面临的实际压力低于俄罗斯、欧洲诸国。在数字经济方面，中国和美国同属给世界其他国家带去压力的国家。

中国在网络内容、国际传播实力等方面存在难点痛点，但是解决这些挑战的前提是数字经济的持续繁荣与官方私营媒体平台在海外的持续发展。除了宏观差异之外，中国在网络结构等具体方面所面临的挑战也与俄罗斯存在差别。中国的网络结构具有中央控制的特点，出口带宽主要掌握在国有运营商手中，但是俄罗斯由于此前实行了电信自由化政策无法做到这种中央控制，构成了俄罗斯网络结构中的弱点。俄罗斯出台《主权互联网法》、进行"断网测试"具有国内考量。

（三）互联网根体系与《欧盟网络安全法案》

随着互联网日益承载更多的社会属性，互联网治理超越了技术层面，演化成为复杂的、交织的、全局的多维度议题，具备了政治、经济、外交、军事、技术多重含义。但是，这些变化导致人们容易混淆各个属性之间的关系，无法区分辨别、无法平衡协调根本经济利益与根本安全利益，这种矛盾已经开始影响我国的网信决策。

中国显然不应该高估自己的网信实力，高估会带来误判，但在一些时候，中国更重要的是不要低估自身在该领域的实力与影响力，低估自己实力也极有可能导致误判。面对俄罗斯近期在网信领域采取的行动，中国需要认识到中俄的极大差异，把握对外开放与数字创新这条主线。

中国宜模仿《欧盟网络安全法案》的做法，将互联网域名体系、协议参数、根服务器定义为"全球公共产品""公共核心""公共利益"。《欧盟网络安全法案》前言第 23 段表示："互联网公共核心是指开放互联网的主要协议和基础设施，是一种全球公共产品，保障互联网的功能性，使其正常运行，欧洲网络与信息安全局支持开放互联网公共核心的安全性与运转稳定性，包括但不限于关键协议（尤其是 DNS 域名系统、BGP 边界网关协议、IPv6）、域名体系的运行（例如所有顶级域的运转）、根区的运行。"

《欧盟网络安全法案》所提"全球公共产品"概念，符合习近平主席所提"网络空间命运共同体"主张。中国宜充分信任以 ICANN 为代表的互联网关键技术资源协调体系，不提倡、不宣扬、不推广跨国备份方案，继续积极参与和建设技术社群，不断向国际社会宣传这种支持与理念。当然，互联网根体系的分裂并非没有可能性，如果中美俄欧等大国内部的民粹主义思想持续泛滥并绑架政治议程，在国际层面相互支持、相互喂食、形成闭环，绝对的国家安全视角持续泛化，那么ICANN 与互联网关键技术资源治理有可能被重新政治化，被纳入大国与国际政治议程。如果互联网根体系最终出现分裂，那不仅仅会伤害全球一体化进程，重创信息产业界利益，影响互联互通，而且会宣告数字时代冷战铁幕的降临。

（四）穆勒与科奈克的赌注

关于中国是否会建立或支持建立一个独立的互联网根体系（a separate root system），美国佐治亚理工学院教授（Milton Mueller）与美国前国家安全顾问、美国外交关系协会研究员科奈克（Robert Knake）下了一个为期 10 年、数额为 500 美元的赌注。穆勒认为中国高度依赖数字经济，极不可能违背自身经济利益与长远利益，在互联网物理层制造分裂。科奈克则认为中国将建立独立的互联网根体系，认为未来有可能出现"民主"与"威权"两种版本的根体系。

2020 年 1 月，科奈克撰文指责中国向将近 20 个国家"出口"中国互联网治理模式，表示中国在俄罗斯等国的支持下将在下一个十年内的某个时刻建成独立的互联网根体系。科奈克认为俄罗斯《主权互联网法》与断网测试是这个蓝图当中的一部分。当中俄另行建立独立的互联网根体系之时，科奈克认为美国及其盟友应该利用该时刻宣告全球互联网时代的终结，利用外交手段建立互联网自由国家联盟，要求世界各国在两种互联网根体系中选边站，并通过数字贸易同盟体系来巩固这个联盟。

2020年2月，穆勒发表文章指出科奈克文章的逻辑混乱之处，表示中国不会做出这种不切实际的技术动作。穆勒表示，中国要建立独立的互联网根体系，意味着中国域名体系根区文件要与互联网数字分配机构（IANA）根区文件进行分离，要将中国国内名称服务器指向这个独立的根体系，要将这个体系推向全世界并获得其他国家互联网运营商认可。这样做的难度极大、代价极高。

穆勒指出，中国是全球域名体系兼容性的坚定支持者。无论是中国，还是美国，都是当下ICANN所代表互联网根体系的极大受益者。这个体系一旦失灵，将给两国带来即刻与巨大的损失。中国可以轻而易举地阻断一些不良信息的流动，均不必付出牺牲全球域名体系兼容性的代价。

第六章

欧洲网络安全外交的四条路线

　　近些年来，欧洲国家在全球网络安全外交当中日益扮演引领角色，除了由外交、国防等官方部门直接开展的活动之外，科研机制、民间机制、半官方机制、混合机制在网络安全外交中扮演了极其灵活的作用。本文以北约网络防御合作卓越中心、网络空间稳定全球委员会、互联网与管辖权政策联络机制、信息传播技术促进和平基金会等机制为例，梳理并分析以爱沙尼亚塔林、荷兰海牙、法国巴黎、瑞士日内瓦为中心的四条网络安全外交路线，描述了这四条路线的支撑机制、主要特点以及主要成果。

　　本章的内容和观点主要来自深度访谈、感性观察以及参会记录，并结合四个机制的网站材料。深度访谈涉及丹麦奥尔胡斯大学教授克莱恩沃彻特（Wolfgang Kleinwächter）、荷兰莱顿大学副教授布罗德斯（Dennis Broeders）、网络空间稳定全球委员会秘书处联合主任麦康纳（Bruce McConnell）、互联网与管辖权政策联络机制联合创始人沙佩勒（Bertrand de La Chapelle）。国际会议主要涉及 2019 年在北京、海牙、柏林召开的三场网络空间政策国际会议：中欧针对国际法在网络空间适用的对话、第二届海牙网络空间国际规则会议、第十四届联合国互联网治理论坛。

　　本章观察认为，塔林路线主要体现爱沙尼亚、捷克、波兰等苏联卫星国的网络安全观点，是这些国家在新的国家安全背景下采取的网络安全外交路线，在较大程度上依附于美国。海牙路线是一条更具全球化特点的路线，欧美网络安全战略界通过新颖的方式联手推出了一系列带有试水性质的网络空间国际规则。巴黎路线主要体现法国、德国等欧洲大国的网络安全立场，用来协调解决欧美西方阵营的内部矛盾，是欧洲应对美国信息技术企业的创新路径。以日内瓦为代表的更为中立的网络安全外交路线，构成第四条路线，始于 2003 年信息社会世界峰会，其官方轨道沉寂多年后在 2017 年重新复活。

一、塔林路线：北约网络防御合作卓越中心

第一条路线以爱沙尼亚塔林为中心，核心欧洲国家是爱沙尼亚、捷克等苏联卫星国。这些国家有两个身份，一是前卫星国，二是北约国家。它们以"北约网络合作防御卓越中心"（NATO Cooperative Cyber Defence Center of Excellence）为大本营，位于爱沙尼亚首都塔林，构成了欧洲网络安全外交当中的塔林路线。

这条路线有两个重要背景。第一是苏联卫星国在国家安全方面全面倒向美国。2004 年 3 月，保加利亚、爱沙尼亚、拉脱维亚、立陶宛、罗马尼亚、斯洛伐克以及斯洛文尼亚加入北约。在这些曾经属于东方阵营的国家重新融入西方的过程中，开始重新界定国家身份、国家形象、国家立场。第二是 2007 年俄罗斯民族主义团体对爱沙尼亚发动网络攻击，成为具有影响力的网络安全事件，被西方塑造成网络地缘政治的起点事件。

（一）塔林路线的起源和演化

苏联卫星国在重新界定国家身份的过程中，对二战等重大历史事件的认识开始严重偏离真相，抹杀苏联在反法西斯战争中付出的沉重代价，甚至将苏联与纳粹德国画等号。

2007 年 4 月，爱沙尼亚迁移位于首都塔林的苏联红军墓，俄罗斯认为这种行为是整个欧洲的耻辱，仅在爱沙尼亚战场上，就曾经有 5 万

苏联红军战士为抗击纳粹德国而牺牲。激愤之下，据称俄罗斯民族主义团体发动了对爱沙尼亚的 DDoS 攻击，使爱沙尼亚大量政府、政党、媒体、银行网站瘫痪了。

这次攻击并没有带来有形的损害，远远没有达到动用武力的门槛。但是，西方国家敏锐地捕捉到了这起事件的地缘政治内涵，启动宣传马达，将这一场网络攻击定义成第一场网络战，将爱沙尼亚描述成第一个遭受重大网络攻击的国家，为欧美网络安全合作与外交提供了完美的场景设计。

这条线索以俄罗斯为主要假想敌，顺带牵连中国，甚至在 5G 问题上转变为专门针对中国的外交路线，损害中国利益。除了苏联卫星国这个身份之外，这些国家都是欧洲小国，在外交路线容易出现一边倒的现象，被笼络揉捏，成为大国、强国的代理国、傀儡国。

体现在 5G 安全问题上，美国政府首先通过这条路线在欧洲打开了炒作中国技术威胁的突破口。2018 年 11 月，捷克网络安全部门首先表示华为、中兴等公司威胁国家安全，并将矛头指向中国的法律和政治环境。这些指责内容完全复制了美国立场，没有任何捷克元素。

2019 年 5 月，捷克政府举办 5G 安全大会，召集了来自欧盟、北约、日本、韩国等国的 32 名代表参加会议，通过了对中国企业不利的《布拉格 5G 安全提案》。2019 年 9 月，波兰与美国发布《美国波兰 5G 安全联合声明》。① 2019 年 11 月，爱沙尼亚与美国发布《美国爱沙尼亚 5G 安全联合声明》。② 这些文本都强调与美国在 5G 安全领域奉行共同路线，要求落实布拉格 5G 安全提案。

①　DONALD J. TRUMP：Press Release - U. S. -Poland Joint Declaration on 5G ［EB/OL］. The American Presidency Project，2019-09-05.

②　U. S.：United States - Estonia Joint Declaration on 5G Security ［EB/OL］. U. S. Embassy in Estonia，2019-11-01.

（二）支撑机制与主要成果

2008 年 5 月，在上一年网络攻击的背景下，爱沙尼亚、德国、意大利、拉脱维亚、立陶宛、斯洛伐克、西班牙等国宣布成立"北约网络合作防御卓越中心"（NATO Cooperative Cyber Defence Center of Excellence，以下简称卓越中心）。同年，北约最高决策机构迅速授予该中心国际军事组织地位。爱沙尼亚、拉脱维亚、立陶宛、捷克、波兰、保加利亚、罗马尼亚等 22 个北约成员国属于该中心的资助国家。该机制主要通过召开网络冲突大会、开展网络防御演习、编纂塔林手册等方式释放影响力。

1. 网络冲突国际大会（CyCon）

从 2009 年开始，卓越中心连续举办网络冲突国际会议，从法律、技术、政策、战略、军事等跨学科视角，聚焦网络战、网络防御、网络实力、网络基础架构、网络核心等议题。例如，600 多人参加了 2019 年网络冲突国际大会。在会议召开之前两星期，爱沙尼亚政府正式批准了关于网络空间国际法适用方面的官方主张，由爱沙尼亚外交部、国防部、经济部、信息系统管理局以及卓越中心共同起草。爱沙尼亚借助主场外交机会，首次阐释该主张。爱沙尼亚女总统卡留莱德（Kersti Kaljulaid）强调各国避免本国领土被用来攻击其他国家的责任、溯源原则、反措施权利、自卫权。2019 年会议还推出了互动网络资源"网络安全法律工具箱"（Cyber Law Toolkit），从国际法视角分析网络攻击事件。卓越中心、英国埃克塞特大学、捷克国家网络和信息安全管理局负责日常维护。

2. "锁盾"网络攻防演习

从 2010 年开始，卓越中心每年组织成员国进行名为"锁盾"（Locked Shields）的网络防御演习，号称是世界上规模最大、最复杂的国际实战网络攻防演习，能够模拟大规模网络攻击事件中的所有细节。

除了保护日常 IT 和军事系统、关键基础设施之外，网络安全专家还借此锻炼战略决策、法律与媒体沟通。2019 年锁盾演习有五个特征：（1）实战红蓝两队攻防演习；（2）关注商业 IT 系统、关键基础设施、军事系统；（3）融合技术与战略决策演练；（4）将近 30 个国家 1200 多名网络防御专家；（5）借助爱沙尼亚国防部网络靶场平台来实现。此外，卓越中心还参与"联盟战士交互演习"（Coalition Warrior Interoperability eXercise）、"三叉戟接点"（Trident Juncture）、"三叉戟美洲豹"（Trident Jaguar）、"网络安全联盟"（Cyber Coalition）等几乎所有北约重要演习。

3.《塔林手册》1.0 和 2.0

2009 年，卓越中心邀请专家撰写一部关于（战争时期）"网络战国际法"的手册，2013 年出版了《关于网络战国际法适用的塔林手册》（"塔林 1.0"）。2013 年，卓越中心开展了下一步的动作，邀请专家撰写一部关于"和平时期网络作战国际法"的手册，2017 年出版了《关于网络行动国际法适用的塔林手册 2.0》（"塔林 2.0"）。①

从 2013 年到 2017 年为期四年的时间里，塔林 2.0 专家组主要关注了"门槛以下"（below the threshold）的网络行动，这些门槛以下的网络行动既没有达到《联合国宪章》第 2（4）条规定的使用武力的水平，也没有达到《武装冲突法》下的武装冲突的程度。

两部《塔林手册》都是沿用旧法的典型实践。"塔林 2.0"和"塔林 1.0"的共同之处在于，它们都着眼于网络空间之外已经存在且具有习惯法地位的实然法，并对这些规则应当如何适用于网络空间加以澄清和发展，而不是倡导新的应然法。从法律术语来看，沿用旧法和制定新法的争议是"实然法"（lex lata）和"应然法"（lex ferenda）之间的

---

① CCDCOE：The Tallinn Manual［EB/OL］. CCDCOE.

差异。

《塔林手册》是传统派的典型观点，反映了西方法学专家眼中的网络主权观。这种提倡沿用旧法、"法律类推"（law by analogy）的工作方式具有一定优势，发达国家和发展中国家的决策者都可以找到符合自身立场的共鸣之处。美国认可手册所说的在网络空间动用武力的理由，弱国也认可手册在较大程度上支持不干涉内政原则。《塔林手册》的主要缺点是没有充分考虑这些规则在代码空间的可行性。

二、海牙路线：网络空间稳定全球委员会

第二条路线以荷兰海牙为中心，以网络空间稳定全球委员会为代表，核心欧洲国家是荷兰、德国及法国，构成慕尼黑—海牙—巴黎路线，该路线向亚洲延伸，分别获得新加坡和日本政府的支持。该路线还获得非官方行为主体的广泛认可。以国际互联网协会为代表的技术社群、以温瑟夫（Vint Cerf）为代表的互联网先驱人物以及以电子前沿基金会（EFF）为代表的民间团体，均表达了支持和认可。这条路线的主要成果是提出八条网络空间治理国际规则，并成功地将之植入国际政治议程。

（一）支撑机制与特点

2017 年 2 月，网络空间稳定全球委员会（Global Commission on the Stability of Cyberspace，以下简称委员会）在慕尼黑安全会议（MSC）上正式亮相。委员会选择慕尼黑安全会议亮相，是为了宣示要关注军事、情报等极其硬核的网络安全问题。

委员会由 40 多名知名网络空间领袖人物组成，他们来自将近 20 个国家，包括 2 名来自中国的知名专家张力和李晓东。委员会主席曾经是爱沙尼亚前外长卡尤兰德（Marina Kaljurand），后来替换为美国国土安全部前部长切尔托夫（Michael Chertoff）。委员会成员绝大多数都具有

政策和安全研究背景，但也吸纳了民间团体和技术社群的代表，在关键议题上征求他们的意见。

委员会构成了一个较为封闭的小圈子，都是熟人关系，都属知名人物。核心成员的产生和工作方式不具备任何开放、民主的程序，并不符合真正的多方机制的组织方式，但保证了工作效率。委员会的主要资助人是荷兰政府，秘书处设在荷兰海牙战略研究中心和美国东西方研究所。合作伙伴包括荷兰外交部、法国外交部、新加坡网络安全局、微软公司以及国际互联网协会。

委员会奉行"小处着手"（Start Small）、"大胆设想"（Think Big）、"快速行动"（Move Fast）的工作方式，在成立不到一年的时间里，不断完善机制，抛出研究主题，笼络人才。委员会经常采用"随会办会"的方式，追随既有国际会议安排，以会议日期衔接或纳入主会分论坛的方式举办自己的会议。例如，委员会参加了慕尼黑安全会议（2017年、2018年、2019年）、联合国互联网治理论坛（2017年日内瓦、2018年巴黎、2019年柏林）、巴黎和平论坛（2018年、2019年）、ICANN会议（日本神户 ICANN64、摩洛哥马拉喀什 ICANN65）。

委员会甚至将触角延伸到非洲，2019年10月参加了非洲联盟委员会在亚的斯亚贝巴举办的会议。借助这种方式，委员会既实现了成员之间的面对面讨论，也借机与国际社会、各利益相关方保持密切沟通，宣传自身主张。

（二）主要成果

委员会的工作进度惊人，从2017年到2019年，先后提出了八条国际规则，并且步步推进，迅速将之输入到国际政治议程。2019年11月，委员会在巴黎和平论坛发布了《推进网络稳定》报告，公布了八条规则的最终版本。

第 1 条　不干涉互联网公共核心：国家和非国家行为主体不能从事或纵容那些故意并实质损害互联网公共核心通用性或整体性并因此实质破坏网络空间稳定的活动。

第 2 条　不渗透选举设施：国家和非国家行为主体不能实施、支持或纵容那些旨在破坏选举、投票、表决关键技术设施的网络行动。

第 3 条　不干涉供应链：如果篡改活动会实质损害网络空间稳定，那么国家和非国家行为主体不能实施篡改或纵容别人篡改那些处于开发和生产阶段的产品与服务。

第 4 条　不劫持公众 ICT 资源：各个国家和非国家行为主体不能强制征用公众 ICT 资源用作僵尸网络（botnets）或相似目的。

第 5 条　建立漏洞披露评估机制：各国必须建立程序透明的框架来评估是否以及何时披露那些他们获知但公众尚不知晓的信息系统和技术漏洞或缺陷。默认选项应该支持披露而非隐瞒。

第 6 条　明确开发者和生产者责任：影响网络空间稳定的产品和服务的开发者和生产者应该：（1）将安全和稳定置于首要地位，（2）采取合理步骤避免自身产品和服务存在较大漏洞，（3）采取措施及时纠正后续发现的漏洞并保持程序透明。所有行为主体都有责任分享漏洞信息来制止或应对恶意网络活动。

第 7 条　保障网络卫生：各国应该制定实施合理的法律法规，来保障基本的网络卫生。

第 8 条　禁止私有和民间部门从事网络攻击活动：非国家行为主体不能从事进攻性网络行动，国家行为主体应该禁止此类活动，并在此类活动发生时做出应对。[①]

---

① 推进网络稳定 ［EB/OL］. 2019-11, https：//cyberstability. org/wp-content/uploads/2020/08/GCSC-Advancing-Cyberstability_ CN. pdf.

在委员会提出的上述八条国际规则中，第四条到第八条使用的语言较为清晰，不容易产生误读。例如，在提及私有和民间部门的时候，明确表示禁止这些行为主体发动网络攻击，也不能以毒攻毒、发动报复式反击。但是，第一条、第二条、第三条规则使用的语言不够直白，容易产生歧义，引发联想，导致误读，在推动形成非强制性规则或者国际法的过程中，需要进行纠正，因此需要特别关注。就目前状态而言，这三条规则在字里行间隐藏的信息引人不安，转移了人们对字面信息的注意力，以不干涉之名，行干涉之实，让人们认为这是在以不干涉的名义来为实际的干涉行为做辩护。

委员会提出的第一条规则叫作"不干涉互联网公共核心"。该规则首先由荷兰学者布罗德斯（Dennis Broeders）首先提出，获荷兰政府采纳，接着在全球范围扩散，写入法国总统马克龙提出的《网络空间信任与安全巴黎倡议》，进入《欧盟网络安全法案》，并有望在下一步成为真正的非强制性规则或者有约束力的国际法。

规则听起来好像禁止所有行为主体攻击、渗透互联网公共核心，实际情况并非完全如此。这条规则主要关注攻击的后果，关注是否造成大规模的、重大的事故。它实际上仅仅对渗透的后果做出了限定，并没有禁止所有渗透活动。这条规则默许了情报部门对海底光缆等关键设施的渗透活动，间接表示只要不带来实质的破坏，就可以渗透。如果某个非洲国家砍断海底电缆，切断本地互联网服务，肯定违反了这条规则。但是，美国国家安全局在海底光缆上设置拦截器，监听全世界，没有在功能层面影响互联网的正常运转，并不在这条规则禁止的范畴。①

将这条规则写入地区法案的时候，欧盟的做法值得全球各国借鉴。

---

① 徐培喜. 全球网络空间稳定委员会：一个国际平台的成立和一条国际规则的萌芽 [J]. 信息安全与通信保密，2018（02）：20-23.

欧盟对这条规则进行了提升和修改，写入 2019 年颁布的《欧盟网络安全法案》，让人们看到了这条规则的真正价值所在。①《欧盟网络安全法案》前言第 23 段表示："互联网公共核心是指开放互联网的主要协议和基础设施，是一种全球公共商品，保障互联网的功能性，使其正常运行，欧洲网络与信息安全局支持开放互联网公共核心的安全性与运转稳定性，包括但不限于关键协议（尤其是 DNS 域名系统、BGP 边界网关协议、IPv6）、域名体系的运行（例如所有顶级域的运转）、根区的运行。"②

《欧盟网络安全法案》将不干涉公共核心规则与全球公共商品理念结合起来，将其带入维护全球共同利益的轨道，引上正途，使这个条款更加稳固。这种做法等同于中国用网络空间命运共同体思想指导网络空间全球治理实践，确保关键政策不发生跑偏。《欧盟网络安全法案》突出强调互联网公共核心的中立性，是中性和中立符号，无论是战争时期还是和平时期，任何国家和个人都不能碰触或阻断其在全球层面正常运行。

不干涉互联网公共核心规则是在为美国情报部门的隐蔽活动提供国际法庇护和借口？还是在致力于打消美国之外其他国家担心被断网的顾虑？欧盟的立法实践给其他国家的网络空间政策研究专家带来了信心。沿着这个逻辑往前走，这条规则有希望进入国际法文本。如果能落实好，会较好地解除世界顾虑，那些总是担心被删除国家顶级域的观点会失去存在土壤。

① GCSC: EUROPEAN UNION EMBEDS PROTECTION OF THE PUBLIC CORE OF THE INTERNET IN NEW EU CYBERSECURITY ACT [EB/OL]. GCSC, 2019-05-11.
② EUR-Lex: REGULATION (EU) 2019/881 OF THE EUROPEAN PARLIAMENT AND OF THE COUNCIL of 17 April 2019 on ENISA and on information and communications technology cybersecurity certification and repealing Regulation (EU) No 526/2013 (Cybersecurity Act) [EB/OL]. EUR-Lex, 2019-04-17.

委员会提出的第二条规则可以被叫作不渗透选举设施。这一条包含的语境信息同样重要。它最主要的特点是避重就轻，只关注技术层面的问题，即禁止干涉选举设施，但回避了内容争议。这条规则诞生的背景是美俄两个大国在数字时代进行了一次宣传与反宣传交锋。跟传统时代的斗争结果大不相同，美俄两国这次在互联网时代的交锋中打成了平手。

2011年12月，美国政府出资900万美元，深化与俄民间团体和组织的接触，促进普世价值。当年俄罗斯国家杜马选举结果遭遇了规模巨大的抗议集会，在阿拉伯世界"茉莉花革命""Facebook革命"蔓延的背景下，俄罗斯真正感受到了威胁。

跟中国式"不冲突不对抗"的原则存在本质区别，俄罗斯奉行"以牙还牙"的原则。2017年1月，美国情报部门联合发布《评估俄罗斯在近期选举中的活动和意图》报告，认为俄罗斯总统普京下令开展针对2016年美国选举的行动，表示俄罗斯既动用了黑客等隐蔽能力，也动员了各个政府部门、官方媒体、社交媒体水军。俄罗斯虽然否认干涉，但是极有可能实施了一定程度的干扰措施。

美俄矛盾当中还包含欧洲因素的加持作用。欧洲国家担心俄罗斯干涉欧洲选举。近些年来，受移民危机、暴恐危机、经济下行等不利因素的影响，欧洲社会心理日趋脆弱，右翼民粹排外政党崛起。欧洲国家担心黑客因素、网络谣言、假新闻干扰本已微妙的选举生态。英国、荷兰、法国、德国等都表达了类似的担忧。

但是，总体而言，俄罗斯与西方在软实力方面的差距依然巨大，美国牢牢占据信息传播的上游位置，垄断微博、搜索引擎等社交媒体平台。在实力占优的情况下，美国军事和情报部门并不愿意收敛在信息内容层面针对别国的渗透活动。美国军方甚至成立了专门的信息战部门，拥有固定预算和编制，以故意泄密、植入评论等巧妙的方式与媒体合作。

美国不想"自断筋脉",对自己的实力进行限制。从这个视角出发,就能更好地理解委员会提出的第二条规则为什么只提技术设施,不提网络内容。

委员会提出的第三条规则与产品和服务的供应链有关。对于干涉供应链、植入漏洞和后门等行为,规则设定了两个递进式条件。一是在开发和生产阶段不能这样做。二是如果必须这样做,则不能实质损害网络空间稳定。这条规则当中最重要的两个词是"开发"和"生产"。从字面上来看,规则禁止所有行为主体在产品和服务的开发和生产阶段植入漏洞。但是从语境信息来看,这条规则暗指可以在供应链的其他阶段(如销售阶段)植入漏洞。甚至,即便是针对开发和生产两个阶段,委员会仍然含糊其词、犹抱琵琶半遮面,没有建议全面禁止,而是加上了"实质损害网络空间稳定"这个前提条件。

这条规则所默认的信息内容让人担心。如果撕掉语言的"遮羞布",将其默认的信息写出来,这条规则的内容可以这样重新表述:"除了开发和生产两个阶段之外,国家和非国家行为主体可以在供应链的销售等其他阶段篡改产品和服务。如果有必要在开发和生产阶段进行篡改,应该注意不要给网络空间稳定带来实质损害。"

与委员会相比,在面对同样挑战的时候,卡内基国际和平基金会的态度更为真诚和直接。该智库研究员霍夫曼(Wyatt Hoffman)和莱维特(Ariel E. Levite)建议,将政府干涉供应链、植入漏洞的行为区分为"系统性干预行为"(systemic interventions)和"特殊干预行为"(Ad-Hoc operation)。前者是指在硬件或软件生产线植入后门,后者是指在小部分产品中植入漏洞。他们认为,系统性干预行为可能带来广泛的后果,损害商业利益和 ICT 产品的品牌价值,动摇用户信心,因此可以考虑全面禁止。但是,他们不反对在小部分产品中植入漏洞,他们认为这种特殊干预行为（又称离散干预行为）带来的后果可以控制，可以容忍情报和军事部门采取这种行为，以满足国家安全需要。①

三、巴黎路线：互联网与管辖权政策联络机制

第三条路线以法国巴黎为中心，以互联网与管辖权政策联络机制（Internet & Jurisdiction Policy Network）为典型代表，核心欧洲国家是法国和德国，构成了巴黎—柏林路线，外部官方盟友是北美国家加拿大，因此延伸成为巴黎—柏林—渥太华路线。该机制获得了法国、德国、加拿大官方力量的背书，在某种程度上也可以被称作"马克龙—默克尔—特鲁多路线"。

法国、德国、加拿大这三个国家在网络安全领域面临的挑战具有较高的相似性。一方面，这三个国家与美国同处西方阵营，是核心西方大国，同属北约成员国与七国集团国家，在网络军控领域持统一立场，形成统一阵线。另一方面，这三个国家并非跟美国铁板一块，面对美国的强大信息产业与通信渗透实力，这些国家的网络主权意识逐渐觉醒，意识到本国网络主权的陷落，认识到在涉及政治稳定、经济利益、公民隐私、网络犯罪等议题领域，与美国存在利益差异，必须做出抗争与改变，收复一些失地。

在这条外交路线上，欧洲虽然具有全球导向，但是主要将美国与美国互联网巨头视为谈判对象，对华态度虽不明朗，但并不疏远，也不敌视。

（一）支撑机制与特点

互联网与管辖权政策联络机制（以下简称 I&J）创立于 2012 年，

---

① 见 Wyatt Hoffman 和 Ariel E. Levite 在中国现代国际关系研究院的演讲材料，地点：北京，会议时间：2016 年 12 月 7 日。

是一个多方机制，主要关注互联网与国家管辖权之间的争议，秘书处设在法国巴黎，动员了300多个实体参与网络空间全球治理辩论，这些实体来自政府、互联网公司、技术社群、民间团体、学术机构、国际组织，涉及50多个国家。

沙佩勒（Bertrand de La Chapelle）是I&J联合创始人和执行主任，拥有职业外交官、技术社群领袖、信息技术公司等多元履历，曾经担任过ICANN董事会主席（2010—2013年）、联合国信息社会世界峰会法国特使（2006—2010年）、虚拟现实公司Virtools联合创始人与董事长（1990年代）。中国企业并没有参与该机制，但是在2017年布鲁塞尔数字权利大会间隙，沙佩勒曾表示要努力获得腾讯、阿里巴巴等中国公司的支持。

I&J拥有欧洲理事会、欧洲委员会、ICANN、联合国教科文组织等合作伙伴。资金来源包括法国、德国、加拿大、荷兰、丹麦、爱沙尼亚、瑞士、巴西等国政府，脸书、亚马逊、苹果、谷歌、微软等互联网企业。I&J分别在2016年（法国巴黎）、2018年（加拿大渥太华）、2019年（德国柏林）召开了三次全球大会。

大会认为，谁来制定规则，制定何种规则，如何落实规则，是建设全球数字社会的核心挑战，需要将之提升到人类文明的高度进行阐释。"一方面，没有必要也不可能追求全方位的全球和谐和大一统，这样做反而会破坏人类社会的多样性和丰富性。另一方面，要避免在立法领域陷入军备竞赛，一些行为主体追求最大限度地将自己的规则强加到别人身上，这种做法只能加剧冲突，导致弱肉强食。"[1]

为了解决这个问题，各利益相关方已经制定了一些行为准则。公共行为主体制定了国家法律与国际协议。市场行为主体修改了服务与社区

---

[1] Internet Jurisdiction. Towards Operational Solutions for Legal Interoperability [EB/OL]. Internet Jurisdiction, 2019-06-12.

指导规则。公私行为主体都开发了一些技术体系、平台机制、告知路径、算法工具，提升各行为主体之间的默契程度，提高各类规则之间的兼容性。

（二）主要成果

会议设立了数据、域名、内容三个主攻方向和工作组，分别对应网络犯罪、技术代码、网络信息内容三大治理领域。每个工作组都有 39名成员，产生的成果看起来已经达到"万事俱备、只欠东风"的水准。工作组已经搭建好治理框架和治理细节，具备了可执行性，只要获得了广泛官方支持，便可投入使用。

1. 域名与管辖权工作组

这个工作组负责起草域名代码领域的跨境规则和标准。39 名工作组成员中，有 29 名来自 ICANN 体系中的互联网关键技术资源管理部门或域名经营企业，3 名来自谷歌、微软、亚马逊等互联网巨头，7 名来自德国、意大利、美国、印度、巴西等政府部门。工作组表示，以 DNS域名体系为抓手来处理技术和内容滥用行为，需要建立四方面操作标准：行动层次、合理告知、行动种类、程序保障。

比如，在行动层次方面，工作组先界定出技术和内容两类滥用行为，技术滥用行为包括垃圾邮件（spam）、恶意软件（malware）、网络钓鱼（phishing）、网址嫁接（pharming）、僵尸网络（botnets）、隐藏恶意网址（fast-flux hosting）六类行为。内容滥用行为包括虐待儿童、受控或管制商品、暴力极端内容、仇恨言论、知识产权五类行为。然后，工作组界定了在 DNS 层面采取行动所需达到的门槛，例如该内容在多个国家被定义为非法内容等。

2. 内容与管辖权工作组

这个小组负责起草网络信息内容领域的跨境规则和标准。39 名工作组成员中，30 名来自学术机构、民间团体、行业协会、智库等机构，

5 名来自谷歌、微软、脸书、推特、西班牙电信等企业，4 名来自英国、德国、加拿大、瑞士等政府部门。I&J 直面跨境内容争议，是一个非常激进大胆的举动。

工作组提出了一系列可行方案。工作组认为《公民权利和政治权利国际公约》（ICCPR）是最相关的国际法文本，详细阐释该法第 24 条（儿童权利）、第 17 条（隐私权）、第 19 条（言论自由、责任、国家安全/公共秩序例外）、第 20 条（禁止宣传战争和国家、种族、宗教仇恨）等条款与网络信息内容全球治理之间的关系。

内容与管辖权工作组在三个工作组中最具特色，未来有可能招致西方阵营内部的批评。西方总是指责中国等国过度重视网络信息内容，并将此与网络审查等同起来进行污名化。实际情况却是，网络信息内容是所有国家都关心的焦点问题。诡异之处在于，如果换作是中国提出完全相同的政策建议，必将导致西方阵营的联合抵制。

3. 数据与管辖权工作组

这个小组负责起草跨境获取用户数据方面的规则和标准，这里的用户数据主要是指网络犯罪相关数据，并不涉及数字贸易规则。39 名工作组成员中，22 名来自智库、学术机构、民间团体、国际组织等机构，11 名来自加拿大、法国、英国、爱尔兰、巴西、墨西哥、加纳等国政府部门，是官方代表最多的工作组，6 名来自苹果、脸书、谷歌、微软、亚马逊、西班牙电信，也是互联网企业最关注的方向。

工作组建议，将保护人权作为跨境获取用户数据的前提条件。只要不违背国际人权，便可以按照流程索取关于严重犯罪的数据信息。同样，服务提供方可以利用合理理由拒绝提供数据，这些合理理由包括：数据过于宽泛，容易导致滥用，具有违背国际法等非法特征。数据具有在种族、宗教、国别、民族、政治观点、性别或性别导向等方面的歧视行为。

四、日内瓦路线：欧洲网络安全外交的相对中立路线

第四条路线以瑞士日内瓦为中心，发源于 2003 年在日内瓦举办的信息社会世界峰会，以信息传播技术促进和平基金会（ICT4Peace Foundation）和日内瓦互联网平台（Geneva Internet Platform）等活跃的网络安全研究和动员机制为典型代表。核心欧洲国家是瑞士，注重与联合国各机构之间的合作关系，鼓励互联网治理中的所有利益相关方进行开放交流，构成了欧洲网络安全外交当中更为中立的日内瓦路线。

（一）支撑机制与特点

信息传播技术促进和平基金会（ICT4Peace Foundation，以下简称基金会）得到瑞士政府支持，启动于 2003 年，作为一个非营利性质的国际基金会，倡导将信息通信技术用于和平目的，包括促进和平、加强危机管理与人道主义援助，并通过与政府、国际组织、企业等进行国际谈判来促进网络空间安全与和平。2012 年，联合国经济及社会理事会（ECOSOC）授予基金会以特别咨询地位。

基金会的 20 多位成员大多关注网络安全与互联网治理，主要来自政府、国际组织、私营部门。基金会的创始人和主席是斯托法克（Daniel Stauffacher），他在 2003 年作为瑞士政府特使兼大使，主持并筹备了在日内瓦举行的信息社会世界峰会，并提出"信息传播技术促进和平"（ICT4Peace）概念。2005 年，基金会在联合国信息通讯工作组的支持下发表了具有开创意义的报告《信息传播技术促进和平——信息传播技术在预防、应对和解决冲突中的作用》。同年，基金会的提议被《突尼斯承诺》官方宣言采纳，体现于第 36 段。①

基金会与联合国多部门有着密切合作关系，自 2006 年开始多次与

---

① 信息社会世界峰会：突尼斯承诺［EB/OL］.信息社会世界峰会，2005-11-18。

联合国相关机构联手，通过举办、参加国际会议或出台重要文件、建立组织机构等形式传播其影响力，在网络反恐、危机信息管理、网络安全等领域做出诸多贡献。2007年，基金会在联合国高级别会议上发布了运用信息通信技术实现危机管理的文件。2008年，基金会受邀与联合国相关组织共同发布关于联合国危机信息管理的评估并成立联合国危机信息顾问组（CIMAG）。2015年，基金会在联合国安理会支持下，与联合国反恐执行局（UN CTED）合作启动网络反恐项目并举办多次会议，出台相关报告。

日内瓦互联网平台（Geneva Internet Platform，GIP）是瑞士政府在2014资助并发起的研究互联网治理与政策的平台，由外交基金会（Diplo Foundation）运营。外交基金会是一家瑞士—马耳他非政府组织，成立于2002年，专门研究互联网治理和数字政策发展，致力于通过在线培训、开发数字工具等方式提升小型和发展中国家在全球外交中的作用。

"GIP数字观察瞭望台"（GIP Digital Watch observatory）项目是GIP的运营成果，作为一个数字政策综合平台，宣称提供中立的综合信息：数字政策领域的最新动态、实时事件及会议概览、数字政策报告等，涉及40多个数字政策领域，分为基础设施、网络安全、人权、法律和法规问题、经济问题、发展以及社会文化七大类，不同类别内容有所交叉，使得互联网治理和数字政策相关方能够及时获取相关信息。GIP创建伊始，瑞士联邦办公室局长梅茨格（Philipp Metzger）曾经评论道："所有利益相关方都能在这里找到并发表他们的诉求，尤其是发展中国家。"[1]

GIP由30多位来自全球的数字政策专家组成，分为技术组、数据

① ASTRUC M. Geneva Internet Platform Launches：Neutral Ground For Net Governance [EB/OL]．IP-watch，2014-04-09．

组和编辑组，通过对开放数据进行挖掘来研究和分析数字政策。GIP 发展成为一个国际化平台，主要通过提供互联网治理与数字政策领域的资源与发布简报、通信等形式发挥作用。第三代合作伙伴计划（3GPP）、亚太经济合作组织（APEC）、东盟（ASEAN）、英联邦电信组织（CTO）、欧洲理事会等均是 GIP 的合作伙伴。

（二）主要成果

信息传播技术促进和平基金会（ICT4Peace Foundation）自成立以来主要开展两方面的工作：以和平目的使用信息通信技术、推动建立安全与和平的网络空间。两部分工作内容均以政策、建议、报告、年度报告以及重大活动等形式呈现，促进国际组织、政府部门、私营部门、民间组织之间的有效合作。

第一方面工作旨在以和平目的使用信息通信技术。此方面的工作主要聚焦利用信息通信技术进行危机管理、减少灾害风险、建设和平。2008—2015 年，基金会每年举办一场危机信息管理的联合国高级别会议。2017 年以来，基金会开展了关于人工智能使用、伦理与权利的讨论。2020 年，基金会在"3C 人工智能"圆桌会议上提出，国际社会不仅要关注人工智能与自主武器的法律问题，同时还要关注人工智能等对社会的短、中、长期的和平威胁。[①]

第二方面工作是推动建设安全与和平的网络空间。随着全球信息通信技术被滥用、恶意使用的趋势上升，国际社会的安全与和平都面临巨大风险，基金会对此进行积极干预，在网络安全政策、战略外交等方面开展工作，推动国际之间的合作与协商，加强各国信息通信技术基础设施的维护与全球对信息通信技术的安全使用。在 2020 年联合国信息安

---

① ICT for peace foundation. UN Report on Digital Cooperation：ICT4Peace Contribution to UN Discussion on Global Principled and Inclusive Artificial Intelligence Governance ［EB/OL］. ICT for peace foundation，2020-02-25.

全政府专家组讨论中，基金会提出了"网络同行审查机制"，提议国际组织、国家及私营部门联合起来共同商讨网络安全问题，主张重点关注那些有军事或情报能力发动网络攻击的国家，提交说明其在外国的网络活动及其执行联合国网络空间行为准则的情况，其他利益相关方可以对此提出建议，最终通过会议的形式进行审议，并将报告发布在网站上供公众查看，私营部门可以通过捐赠资金的形式支持。[①]

相较而言，日内瓦互联网平台的工作更具有细节特征。该平台的重要成果是 GIP 数字观察（GIP Digital Watch），旨在为全球公民与官员提供一个平台，增进了解相关信息并成为利益相关事务的知情者，主要由三大板块组成：GIP 数字观察瞭望台、互联网治理简报（GIP Briefings on Internet Governance）、日内瓦数字观察通讯（Geneva Digital Watch Newsletter）。这三大板块组成了最新动态、月度总结和资源总览，为人们提供一个内容集约、更新迅速的互联网治理与数字政策资讯平台。

GIP 数字观察瞭望台。由 Diplo 基金会与国际互联网协会合作运营，是一个提供互联网治理、数字政策相关内容的一站式服务机构，充分利用了 Diplo 基金会多年积累的资源、GIP 的国际影响力以及国际互联网协会的地方分会来打造各地本土化内容。平台收录了许多与互联网治理和数字政策的相关资源，包括公约和法律、书籍和出版物、会议记录等，如世贸组织（WTO）的《信息技术协定》（ITA）、全球数据处理和预报系统指南（GDPFS）、联合国互联网治理论坛（IGF）的会议分析报告。

互联网治理简报（GIP Briefings on Internet Governance）。在每月简

---

① ICT for peace foundation. UN OEWG UN GGE － ICT4Peace proposed a State "Cyber Peer Review Mechanism" for state-conducted foreign cyber operations to UN Cybersecurity Negotiations［EB/OL］. ICT for peace foundation，2020-03-06.

报发布之前还会公布互联网治理趋势晴雨表，主要通过对比每月的互联网事件来揭示重要趋势。截至 2016 年，为了鼓励各地社群进行持续的讨论并在简报中分享观点，全球建立了许多地方中心，简报的制作向社会公众敞开，成了一个地方观点与全球互联网治理专家开放交流的场所。

日内瓦数字观察通讯（Geneva Digital Watch Newsletter）。每月一次的时事通信，自 2015 年推出，可自由订阅，旨在为数字政策从业者提供每月最热门话题的分析，提供多语言版本，包括英语、法语和葡萄牙语。

通过整合数字观察瞭望台的资源、简报和通信，GIP 有时会发布当年的年度回顾与来年预测。例如，2019 年简报提出了以下内容：数据治理的成熟、数字地缘经济学带来的技术竞争、地缘政治的发展、人工智能技术引发的问题、科技公司的管理、全球电子商务规则的制定、硬件的回归、区块链和加密货币的反思、数字身份的流行。

（三）瑞士官方的行动

2003 年，瑞士官方曾主办联合国信息社会世界峰会，成为全球网络外交的起点，但此后瑞士官方在这个领域陷入沉寂，直到 2017 年微软公司提出了《数字日内瓦公约》（Digital Geneva Convention），瑞士官方力量才重新重视网络外交。2018 年 11 月，瑞士政府启动了"网络空间负责任行为日内瓦对话项目"（Geneva Dialogue on Responsible Behavior in Cyberspace），这是在沉寂了 15 年之后，瑞士官方轨道的重新启动，此前瑞士只有信息传播技术促进和平基金会、日内瓦互联网平台等机构持续关注此议题。①

网络空间负责任行为日内瓦对话项目由瑞士政府于 2018 年春季启

---

① 采访 ICT4Peace 主席 Daniel Stauffacher，2018 年 11 月 7 日，中国浙江乌镇。

动，旨在为不同利益相关方提供一个平台，通过这个平台进行对话，谈
论现有网络空间治理的不足并提出建议，从而更好地落实各行为体的责
任与义务，推动建设稳定安全的网络空间。① 对话项目主要分为两阶
段，第一阶段从 2018 年 6 月持续到 2019 年 4 月，主要探讨了国家、企
业、民间团体、学术界等的作用与责任，产出了一份基准框架
（Baseline Framework），尤其呼吁私营部门和民间团体的参与。② 最终报
告中指出，网络空间的治理框架正在形成，各国应采取措施制定"责
任架构"（Responsibility Regime），加强国际合作，推动建设一个稳定、
和平安全的网络空间。对话项目现在正处于第二阶段，着重于探讨产业
部门的责任与作用，旨在促进全球企业间的对话，为国际政策与网络外
交做出贡献。

　　除对话项目之外，瑞士官方还积极组织其他国际会议，以此巩固其
在互联网治理领域的地位。2018 年 11 月，瑞士官方在日内瓦举行的"国
际公法日"活动（The Public International Law Day），聚焦国际法如何处
理数字转型和网络安全问题，汇集了法律、技术和政策专家，就网络攻
击引起的法律问题、数字民主的机遇和挑战等议题进行对话。2020 年初，
达沃斯世界经济论坛年会召集了来自商界、学界、政府、国际组织和民
间社会的领导人，在"瑞士之家"（House of Switzerland）举办了一系列
高级别活动，探讨了数字信任等领域的创新解决方案和国际治理机制。
2020 年 6 月，在联合国成立 75 周年与新型冠状病毒（Covid-19）大流行的
背景下，瑞士官方组织了日内瓦会谈（Geneva Talks），旨在促进世界人

---

① Fact Sheet：Geneva Dialogue on Responsible Behaviour in Cyberspace ［EB/OL］. 2018-
06，https：//www. diplomacy. edu/sites/default/files/201806_ Factsheet_ GDRBC.
pdf.
② Geneva Dialogue for Responsible Behaviour in Cyberspace ［EB/OL］. 2019 - 06，
https：//genevadialogue. ch/wp - content/uploads/Geneva - Dialogue - Baseline - Study.
pdf.

道主义与外交事务之都日内瓦和科技创新中心硅谷之间的对话，探讨新技术给多边外交和人道主义带来的挑战和机遇，并强调国际数字合作的重要性。

第七章

技术社群 ICANN 的重生之路

互联网治理辩论拥有多条线索，涉及多个论坛，围绕 IANA 职能管理权移交和 ICANN 改革问题，各国各方进行了长达两年半之久的辩论，构成了一条完整线索。IANA 职能是指 IP 地址、域名/域名系统根区管理以及协议参数等技术内容。

从 2014 年 3 月 14 日美国商务部电信与信息管理局（NTIA）宣布计划移交 IANA 职能管理权，到 2016 年 3 月 10 日"全球多利益相关方社群"（Global Multi-stakeholder Community）完成移交报告，再到 2016 年 3 月 17 日和 9 月 14 日美国参众两院召开的听证会，最后到 2016 年 10 月 1 日移交成功完成，整个过程一波三折，充满悬念。

交不交？何时交？立即移交？延迟移交？稍微延迟？长期延迟？这些悬念并没有随着时间的推移变得明朗，而是一直扑朔迷离，在不同的阶段以不同的方式占据着公众注意力，支持和反对移交派之间的博弈日趋激烈，直到合同即将到期的最后一天，方才云开雾散，揭晓最后答案。

这场辩论将各界都带进倒计时的语境，让人们看清了各方在网络空间政策问题上的利益所在与博弈方式，认清了互联网治理的未来走向。互联网治理议题继续不断拓展，成为涉及政治、经济、外交、军事、安全等多重属性的核心领域，关乎万亿数字经济产业，关系国家安全，影响政治稳定。

具体来说，这次移交提出了以下四个问题：

（1）移交的背景是什么？美国为什么决定移交 IANA 职能管理权？美国为什么极力反对由国际电信联盟（ITU）接管 ICANN？

（2）移交的过程是什么？制订移交计划的流程是什么？管理权小组和问责制工作组之间有什么区别？如何解读 ICANN 的新章程？既然美国几乎所有大、中、小、微信息技术企业都支持移交，为什么这次移交仍在美国国内产生了巨大的争议？

（3）什么是多方模式？它能否同时实现程序正义和结果正义？它是互联网时代的一种新型上层建筑吗？

（4）移交产生了哪些影响？跟许多其他全球治理机制相比，ICANN 机制的特点是什么？中国与发展中国家政府、企业、用户如何更好地参与这个机制？移交会给互联网政策和产业带来哪些具体影响？

一、2014 年 3 月 14 日：美国商务部宣布移交的三大背景原因

（一）1998 年：初衷——私有化

私有化本来就是 ICANN 于 1998 年成立之时的初衷。

互联网关键技术的诞生，民间和市场力量居功至伟，跟政府关系不大。1969 年，四台计算机实现联网；1974 年，温瑟夫（Vint Cerf）和卡恩（Bob Kahn）创制 TCP/IP 协议；80 年代中期，帕斯特（Jon Postel）和莫卡派乔斯（Paul Mockpatris）发明域名系统；1991 年，伯纳斯-李（Tim Berners-Lee）发明万维网。这些成就都不是政府的功劳。

互联网的技术演进遵循独特的路径，其初期发展几乎完全位于政府的视线之外，其全球治理方式跟传统方式迥然不同。丹麦奥尔胡斯大学教授、ICANN 前董事克莱恩沃彻特总结了 200 年跨境通信谈判线索，从历史角度呈现了多边和多方治理模式的差异，认为两者属于不同的时代。他将书籍、电报、卫星电视等归入"前互联网时代"，认为在这个

时代所有谈判和条约都是在政府间进行的，缺少市场和民间力量的参与，是双边和多边时代，而到了"互联网时代"，则呈现出新局面，多方模式、自下而上、非政府力量是互联网技术社群的主流。①

互联网标准、代码的制定流程跟传统立法程序存在本质差异。全球互联网社群以 RFC（"请求评论"）这种自下而上的方式形成互联网技术标准。一旦某个机构、团体开发出了一套标准，或提出对某种标准的设想，就以 RFC 的方式来征求外部意见。RFC 程序在 1969 年发源于 IETF，至今已经形成了 7000 多个 RFC。

美国南加州大学科学家帕斯特（Jon Postel）作为域名系统的创始人，在此领域广受尊敬。ICANN 成立之前，域名系统的管理由帕斯特一人承担。帕斯特以一人之力分配了 100 多个国家代码顶级域（ccTLDs），以握手的方式交给他认为可靠的人管理。互联网以这种非正式的方式实现全球扩散，在各国政府尚未做出反应之前，得到广泛普及。如果当时以任何官方正式方式扩散，当下互联互通的样貌将截然不同。

IANA（Internet Assigned Names Authority）是"互联网数字分配机构"的简称，IANA 职能（IANA Functions）是指 IP 地址、域名/域名系统根区管理以及协议参数。IANA 服务也由帕斯特独立承担。帕斯特在去世之前建议成立非营利机构承担他担当的责任。1998 年 6 月 3 日，美国政府接受了建议，发布了白皮书（White Paper），表示支持互联网社群自行组织起来，成立一家新的非营利机构，负责制定互联网技术政策，并在 4 个月之内向美国政府提交建议。

因此便有了 1998 年 7 月互联网社群召开的雷斯顿会议（Reston meeting）。ICANN 民间团体社群领袖、佐治亚理工大学教授穆勒

---

① Vincent C, Nordenstreng K. Towards Equity in Global Communications？[M]. New York：Hampton Press，2016.

（Milton Mueller）称这次会议为"宪法时刻"，将 ICANN 模式的缔造过程比喻为网络空间宪法的诞生。雷斯顿会议是"白皮书国际论坛"（International Forum on the White Paper）系列会议的第一场。会议的目标是"准备一个模式，一系列共同的原则，一个机制和总体条款"，以此成立一家互联网名称与地址全球治理机构。参会人士中既没有外交官，也没有国会议员，只有商业、学术、技术人士。[①]

ICANN 机制因此诞生。1998 年 12 月 24 日，NTIA 和 ICANN 签署 IANA 职能合同，此后一直以协议方式授权 ICANN 管理 IANA 职能。美国政府从一开始便将自身作用定义为一个临时客串的角色。在美国商务部当时发表的政策陈述中，承诺将最终放弃协议，移交管理权，让私有部门在域名系统管理中完整承担领导作用。私有部门主导、大市场小政府本来就是美国的立国之本，更是克林顿时代的经典药方。

然而，美国政府这个客串角色持续时间太长，一直延续了 16 年，直到 2014 年 3 月 14 日，美国商务部才正式将移交问题提上全球议程，NTIA 宣布计划放弃监管职能，将尊重初衷，放弃管理权，回到原点。如图 31 所示，是继续更新 IANA 职能合同，还是让这个协议自然失效，这是 2014 年 3 月 14 日以来 IANA 职能管理权移交问题的辩论焦点。

① Mueller M L. Ruling the root：Internet governance and the taming of cyberspace ［M］. Cambridge：MIT press，2002：1-3.

Section C - Statement of Work (SOW)

CAR Clause Number	Title	Date
1352.211-70	Statement of Work/Specifications	March 2000

C.1 BACKGROUND

C.1.1 The U.S. Department of Commerce (DoC), National Telecommunications and Information Administration (NTIA) has initiated this agreement to maintain the continuity and stability of services related to certain interdependent Internet technical management functions, known collectively as the Internet Assigned Numbers Authority (IANA).

C.1.2 Initially, these interdependent technical functions were performed on behalf of the Government under a contract between the Defense Advanced Research Projects Agency (DARPA) and the University of Southern California (USC), as part of a research project known as the Terranode Network Technology (TNT). As the TNT project neared completion and the DARPA/USC contract neared expiration in 1999, the Government recognized the need for the continued performance of the IANA functions as vital to the stability and correct functioning of the Internet. On December 24, 1998, USC entered into a transition agreement with the Internet Corporation for Assigned Names and Numbers (ICANN) under which ICANN secured directly from USC, all necessary resources, including key personnel, intellectual property, and computer facility access critical to the continued performance of the IANA functions. Having assumed these key resources (as well as other responsibilities associated with privatization of the Internet domain name system), ICANN was uniquely positioned to undertake performance of these functions. On February 8, 2000, March 21, 2001, and then on March 13, 2003, the DoC entered into an agreement with ICANN to perform the IANA functions. In connection with its work under these agreements, ICANN has developed and maintained close, constructive working relationships with a variety of interested parties, including Internet standards development organizations and technical bodies.

图 31 美国商务部 NTIA 和 ICANN 签订的关于 IANA 职能的合同（2000 年）①

（二）2012 年：倾覆点——WCIT 2012

2012 年国际电信世界大会构成了美国网络政策的倾覆点。

从 20 世纪 90 年代到 21 世纪初，随着互联网的日益普及，互联网经济有了长足的发展，并日益承载其他社会属性，各国政府开始重视互联网及其治理。因为美国政府和 ICANN 之间的合同关系，ICANN 成为各国政府批评美国网络政策的着眼点和发力点。

到了 2003—2005 年信息社会世界峰会（WSIS），互联网治理成为

---

① 见 https：//www.ntia.doc.gov/page/iana-functions-purchase-order

最突出的议题。美国做出一定的让步，承认各国对国家代码顶级域
（ccTLDs）的主权，但拒绝就 ICANN 问题做出任何其他让步。ICANN
地位问题悬而未决，联合国成立互联网治理论坛，让各国继续讨论互联
网治理议题。

2012 年 12 月 3—14 日，国际电信世界大会（WCIT）在阿联酋召
开，对 ICANN 地位形成了巨大威胁。世界各国开始公开挑战美国，互
联网治理问题导致世界各国分裂为两大阵营，这是冷战之后首次发生这
种情况。

WCIT 会议讨论缔结新版《国际电信条约》，各国的核心分歧是加
强政府与政府间组织在全球互联网治理方面的作用，还是弱化它们的角
色。多数发展中国家主张加强政府的作用，而多数西方国家主张削弱政
府的作用，由市场力量主宰网络空间。

1. 美国未雨绸缪

2012 年 8 月 3 日，美国递交"关于大会工作"的提案，事先警告
世界各国和国际电信联盟，勿将互联网治理问题纳入新条约，尤其警告
ITU 不要有试图接管 ICANN 的任何想法。

美国认为互联网产业的繁荣主要是业界和民间力量努力的结果，是
市场力量主导的结果，政府在其中扮演的角色有限，如果将 ICANN 的
职能转移到国际电信联盟这个政府间国际组织，那将扩大政府的干涉力
量，破坏互联网的本质特点。

美国未雨绸缪，在上述提案中警告道：

"……互联网已发展成为一种在独立环境中运行的网络，这种
环境超出了《国际电信规则》和国际电信联盟的范围。具体而言，
互联网产生于多利益相关方组织，如，国际互联网协会（ISOC）、
互联网工程任务组（IETF）、万维网联盟（W3C）、地区互联网注

册管理机构（RIRs），以及互联网名称与数字地址分配机构（ICANN）。这些组织在设计和运营互联网方面发挥了重要作用，且通过其自身的开放性和包容性取得了极大的成功。"

"美国认为，互联网环境日新月异，不断变化，这些现有机构最有能力解决这种互联网环境所要求的速度和灵活性问题。互联网是分散的网络之网络，在不需要任何国际监管机制的情况下实现了全球互连，制定上述正式监管机制会破坏互联网的增长……"

"因此，美国不支持任何旨在加大对互联网管理和内容控制的提案。不管任何人和国家，如果要扩大《国际电信规则》范围，试图借此赋予相关方面权力，对互联网内容进行审查，阻碍信息自由流动，那么美国都将极力反对。美国认为，现有的包括业界和民间团体的多利益相关方机构运行有效，未来能够继续确保互联网的活力，积极影响个人和社会。"①

2. 俄罗斯针锋相对

俄罗斯针锋相对。2012 年 11 月 3 日，俄罗斯提交提案，要求在新版国际电信规则中全面增加关于互联网治理的所有核心内容，用 ITU 架空 ICANN 在互联网治理上的作用。俄罗斯提案直接要求新条约涵盖 ICANN 的核心职能，其提案指出："互联网寻址和命名系统是一个确保地址和名称的分配、指定和分布的组织性技术基础设施，同时也要维护各种数据库，以确保它们之间具有一致性……因此，地址和名称属于互联网关键资源，所以，寻址和命名系统是一套管理互联网关键资源的系统。"

俄罗斯建议："将互联网视为一个全球物理电信基础设施，同时也

---

① 国际电信世界大会筹备文件，文件 9-C，2012 年 8 月 3 日。

将其视为每个成员国国内电信基础设施的一部分，因而，各成员国也相应地将互联网寻址和命名资源当作一项重要的跨国资源……在互联网寻址和身份资源的国际分配方面，各成员国须享有平等的权利。"①

新版《国际电信条约》的 14 个正式条款丝毫没有体现俄罗斯提案，只字未提"互联网"这个美国心目中的禁忌词。但作为一个妥协方案，WCIT 会议起草了"培育有利环境，实现互联网更大发展"的决议草案，要求各成员国在国际电信联盟的多种不同论坛，阐明其在国际电联职权内的与国际互联网相关的技术、发展和公共政策问题上的立场。

决议草案邀请国际电信联盟在互联网治理领域发挥自己的作用，正是针对这个决议草案的表决过程分裂了大会。美国及其加拿大、澳大利亚等铁杆盟友风声鹤唳，不允许在条约中出现任何关于互联网治理的内容，强烈要求删除该决议草案。

针对该草案的去留，出现了中国等 89 个国家签署新条约，而美国等 55 个国家拒绝签署的分裂局面。这次会议构成了美国单边主义互联网政策的倾覆点。美国意识到仅靠本国已经难以单枪匹马地主导互联网事务，必须改变此前的单边主义的做法，安抚各国各方，尤其是中间的摇摆国家。

2013 年 4 月，美国代表来北京参加第六届中美互联网论坛，将中美在这方面的分歧置于所有分歧之首。美国微软公司资深顾问蒙迪（Craig Mundie）在发言中指出："去年召开的国际电信世界大会是互联网的转折点。"他表示，国际电信世界大会本应关注电信问题，但由于成员国提出名称和地址等问题，使之错误地成为讨论互联网该如何运作的论坛。

---

① 国际电信世界大会筹备文件，文件 27-C，2012 年 11 月 3 日。

AFGHANISTAN (signed)	ALBANIE	ALGÉRIE (signed)	ALLEMAGNE	ANDORRE	ANGOLA (signed)	ARABIE SAOUDITE (signed)	ARGENTINE (signed)	ARMÉNIE	AUSTRALIE
AUTRICHE	AZERBAIDJAN (signed)	BAHREIN (signed)	BANGLADESH (signed)	BARBADE (signed)	BÉLARUS (signed)	BELGIQUE	BELIZE (signed)	BÉNIN (signed)	BHOUTAN
BOTSWANA (signed)	BRÉSIL (signed)	BRUNEI DARUSSALAM (signed)	BULGARIE	BURKINA FASO (signed)	BURUNDI (signed)	CAMBODGE (signed)	CANADA	CAP-VERT (signed)	RÉPUBLIQUE CENTRAFRICAINE (signed)
CHILI	CHINE (signed)	CHYPRE	COLOMBIE	COMORES (signed)	RÉPUBLIQUE DU CONGO (signed)	RÉPUBLIQUE DE CORÉE (signed)	COSTA RICA	CÔTE D'IVOIRE (signed)	CROATIE
CUBA (signed)	DANEMARK	DJIBOUTI	RÉPUBLIQUE DOMINICAINE (signed)	EGYPTE (signed)	EL SALVADOR (signed)	ÉMIRATS ARABES UNIS (signed)	ESPAGNE	ESTONIE	ETATS-UNIS
FÉDÉRATION DE RUSSIE (signed)	FINLANDE	FRANCE	GABON (signed)	GAMBIE	GÉORGIE	GHANA (signed)	GRÈCE	GUATEMALA (signed)	GUYANA
HAÏTI (signed)	HONGRIE	INDE	INDONÉSIE (signed)	RÉPUBLIQUE ISLAMIQUE D'IRAN (signed)	IRAQ (signed)	IRLANDE	ISRAËL	ITALIE	JAMAÏQUE (signed)
JAPON	JORDANIE (signed)	KAZAKHSTAN (signed)	KENYA	KOWEÏT (signed)	LESOTHO (signed)	LETTONIE	LIBAN (signed)	LIBÉRIA	LIBYE (signed)
LIECHTENSTEIN	LITUANIE	LUXEMBOURG	MALAISIE (signed)	MALAWI	MALI (signed)	MALTE	MAROC (signed)	RÉS MARSHALL	MAURICE (signed)
MEXIQUE (signed)	MOLDOVA	MONGOLIE	MONTÉNÉGRO	MOZAMBIQUE (signed)	NAMIBIE (signed)	NEPAL	NIGER (signed)	NIGÉRIA (signed)	NORVÈGE
NOUVELLE-ZÉLANDE	OMAN (signed)	OUGANDA (signed)	OUZBÉKISTAN (signed)	PANAMA (signed)	PAPOUASIE-NOUVELLE-GUINÉE (signed)	PARAGUAY (signed)	PAYS-BAS	PÉROU	PHILIPPINES
POLOGNE	PORTUGAL	QATAR (signed)	KIRGHIZISTAN (signed)	SLOVAQUIE	RÉPUBLIQUE TCHÈQUE	ROYAUME-UNI	RWANDA (signed)	SAINTE-LUCIE (signed)	SÉNÉGAL (signed)
SERBIE	SIERRA LEONE (signed)	SINGAPOUR (signed)	SLOVÉNIE	SOMALIE (signed)	SOUDAN (signed)	SOUDAN DU SUD (signed)	SRI LANKA (signed)	RÉPUBLIQUE SUDAFRICAINE (signed)	SUÈDE
SUISSE	SWAZILAND (signed)	TANZANIE (signed)	THAÏLANDE (signed)	TOGO (signed)	TRINITÉ-ET-TOBAGO (signed)	TUNISIE (signed)	TURQUIE (signed)	UKRAINE (signed)	URUGUAY
VENEZUELA (signed)	VIET NAM (signed)	YÉMEN (signed)	ZIMBABWE (signed)						

图 32 新版《国际电信条约》89 个缔约国和 55 个拒绝签署国[①]

蒙迪认为，关于是否应该将这些重大的互联网治理议题纳入《国际电信条约》，世界各国已经分裂为两大阵营。这两大阵营的主要分歧在于是否赞成加大政府在全球互联网治理中的作用。蒙迪表示中美两国非常不幸地位于两个不同的阵营。

（三）2013 年：加速器——斯诺登泄密事件

2013 年斯诺登泄密事件造成了以 ICANN 为代表的互联网技术社群和美国政府之间的矛盾，加深了美国信息技术产业界和美国安全部门之间的裂痕，加速了 IANA 职能管理权的移交。这些矛盾和裂痕主要体现在美国九家信息技术公司和十大互联网组织各自发表的声明中。

2013 年 6 月 5—6 日，美国国家安全局（NSA）前雇员斯诺登（Edward Snowden）通过《华盛顿邮报》和英国《卫报》曝光美国"棱镜"项目和"上游"项目。这是美国政府情报部门收集通信情报的两种方式。斯诺登所曝光的是情报人员的培训材料，所以通常以幻灯片的

---

① WCIT2012：Signatories of the Final Acts：89［EB/OL］. ITU，2012-12-14.

方式呈现。

如第三章图 2 所示，"棱镜"项目是指"从美国服务提供商的服务器上直接收集情报"，涉及"微软、雅虎、谷歌、脸书、PalTalk、美国在线、Skype、YouTube 以及苹果"九家信息技术公司。跟棱镜项目有关的幻灯片上大都标记了这九家公司的名字。"上游"项目是指"从数据流经的光缆和基础设施上收集情报"。美国官方建议情报人员结合使用这两种方式收集通信情报。

1. 美国信息技术产业界和安全部门之间的矛盾

根据斯诺登曝光的信息，美国信息技术产业界对美国情报部门的"棱镜"项目大都知情，但是并不熟悉美国国安局竟然还通过"上游"项目从海底光缆和基础设施上直接截取情报，因而广受震撼。斯诺登泄密事件加深了美国信息技术产业界和美国安全部门之间的裂痕，在一定程度上摧毁了它们之间的互信与默契，成为压倒骆驼的最后一根稻草。

美国国家安全局对全球互联网基础设施进行肆无忌惮的监控，严重损害了美国信息技术产业界的利益，引爆了两者矛盾。信息技术产业界要求美国政府全面整顿监控体系，并且"率先垂范"，限制政府在网络空间的行为，带动其他国家政府做出类似的举动。

美国信息技术产业界的首要担忧是各国政府以斯诺登泄密事件为由开展数据本土化，这会极大增加美国信息产业的全球运营成本。2013年 12 月 9 日，美国在线、苹果、Dropbox、Facebook、谷歌、LinkedIn、微软、Twitter 以及雅虎九家信息技术公司提出全球政府监控五大原则，并签署给美国总统和国会议员的公开信。①

五大原则包括：（1）限制政府收集用户信息的权力；（2）加强监管和责任；（3）增加政府索取用户信息行为的透明度；（4）尊重信息

---

① Reform Government Surveillance：Advocating for Global Government Surveillance Reform [EB/OL]. Reform Government Surveillance，2013-12-09.

自由流通；（5）避免各国政府之间的冲突。在公开信中，九家信息技术公司敦促美国政府做出表率，改革监控体系，确保监控活动获得严格法律限制，监控行为不能超过风险所需，保证公开透明，并接受独立监管。

2. 以 ICANN 为代表的互联网技术社群和美国政府之间的矛盾

对斯诺登泄密事件，以 ICANN 为代表的互联网技术社群做出反应的时间比美国信息技术产业界提前两个月。2013 年 10 月 7 日，十家互联网组织在乌拉圭首都发表《蒙得维的亚声明》，表达对互联网未来合作的看法。在这十家互联网组织中，有一半是主要技术组织，另一半是地区互联网注册管理机构（RIRs）。

五家主要技术组织及其领袖包括：（1）互联网名称与数字地址分配机构（ICANN）总裁兼首席执行官法迪（Fadi Chehadé）；（2）互联网工程任务组（IETF）主席阿尔科（Jari Arkko）；（3）国际互联网协会（ISOC）总裁兼首席执行官阿穆尔（Lynn St. Amour）；（4）互联网架构委员会（IAB）主席豪斯利（Russ Housley）；（5）万维网联盟（W3C）首席执行官贾菲（Jeff Jaffe）。

五家地区互联网注册管理机构及其领袖包括：（1）非洲互联网络信息中心（AfriNIC）首席执行官阿普洛冈（Adiel A. Akplogan）；（2）美国互联网号码注册局（ARIN）首席执行官柯伦（John Curran）；（3）亚太互联网络信息中心（APNIC）总干事威尔逊（Paul Wilson）；（4）拉丁美洲和加勒比海地区互联网地址注册局（LACNIC）首席执行官艾彻维利亚（Raúl Echeberría）；（5）欧洲网络协调中心（RIPE NCC）总经理帕夫利克（Axel Pawlik）。

十位负责全球互联网基础设施协调的领袖表示，互联网和万维网为全球社会和经济发展带来了巨大福祉，两者的建立和治理符合公共利益，独特的全球多利益相关方互联网合作机制是它们取得成功的内在原因。他们明确表示，互联网各利益主体当下面临新的挑战，需要采取实质的行动，继续加强和改善这些机制。十位负责人主要强调四方面内容：

（1）强调全球互联网流畅运营的重要性，警惕互联网在国家层面上发生分裂的可能性，表示近期曝光的大规模监控行为动摇了互联网用户的信任和信心，并对此表达深切担忧。

（2）表示需要继续应对互联网治理的挑战，一致同意要促进社群的共同努力，推动全球多利益相关方互联网合作的进步。

（3）号召加快互联网名称与数字地址分配机构（ICANN）和互联网号码分配机构（IANA）的全球化进程，建立所有利益相关方，包括各国所有政府，均能平等参与的平台环境。

（4）号召继续将向 IPv6 的迁移作为全球首要任务。要求互联网内容提供商必须能够同时提供适用于 IPv4 和 IPv6 服务的内容，使这些内容能够在全球互联网上得到访问。①

在这四方面内容中，第（1）条明确点名斯诺登泄密事件，第（2）条强调多方机制的重要性，第（3）条直接提出了 IANA 职能管理权的移交问题，第（4）条强调向 IPv6 的迁移问题。

2012 年国际电信世界大会和 2013 年斯诺登泄密事件具有分水岭的性质，煮沸了互联网治理和网络安全这锅水，成为美国商务部 NTIA 移交决策的催化剂。加诸美国政府 1998 年本来就有私有化 IANA 的初衷，2014 年 3 月 14 日，NTIA 最终宣布将有条件放弃互联网关键职能的管理权，准备将其移交给"全球多利益相关方社群"。

---

① The Washington Post. NSA slides explain the PRISM data collection program ［EB/OL］. The Washington Post, 2013-07-10.

NTIA 要求 ICANN 制订移交计划，设定了四个移交条件：（1）要支持并强化多利益相关方模式；（2）要确保互联网域名系统的安全性、稳定性和灵活性；（3）要满足 IANA 所服务的全球用户和合作伙伴的需求和期望；（4）要保持互联网的开放性。NTIA 尤其强调，移交计划要强化多利益相关方模式，不能以政府间组织或政府领导的组织取代当前 NTIA 扮演的角色。[①]

NTIA 宣布的这个决定非常重要，广受讨论，以至于在中国社群中，"3·14 决定"成为耳熟能详的名词。

二、2016 年 3 月 10 日："全球多利益相关方社群"完成移交方案

2016 年 3 月 10 日，全球多利益相关方社群完成了移交建议。移交建议由两部分组成：《IANA 管理权移交方案》和《加强 ICANN 问责制的建议》。前者由"IANA 管理权移交协调小组"起草，后者由"加强 ICANN 问责制跨社群工作组"起草。

（一）管理权小组和问责制工作组两个起草小组的流程和建议

从 2014 年 3 月 14 日到 2016 年 3 月 10 日，各国各方对此进行了为期两年的辩论，最终向 NTIA 提交了由"IANA 管理权移交协调小组"（IANA Stewardship Transition Coordination Group，以下简称"管理权小组"）起草的《IANA 管理权移交方案》和由"加强 ICANN 问责制跨社群工作组"（Cross Community Working Group on Enhancing ICANN Accountability，以下简称"问责制工作组"）起草的《加强 ICANN 问责制的建议》。

---

① ICANN. Montevideo Statement on the Future of Internet Cooperation [EB/OL]. ICANN, 2013-10-07.

1. 管理权小组

对于管理权小组来说，这个为期两年的流程涉及"NTIA-ICANN-ICG-OC"四道程序，即从美国商务部电信与信息管理局，到互联网名称与数字地址分配机构，再到管理权小组，最后到运营社群。

首先，NTIA 要求 ICANN 召集全球各个利益相关方提出移交计划。为了满足 NTIA 的移交条件，ICANN 协调 13 个社群，由各个社群选出自己的代表，共形成 30 名代表，成立了管理权小组。例如，GAC 选出了 5 位代表，ccNSO 选出了 4 位代表，GNSO 选出了 3 位代表，IETF 选出了 2 位代表。中国 CNNIC 前主任李晓东代表 ccNSO 参加管理权小组。①

接着，IANA 管理权小组动员三大运营社群献计献策："域名社群"（ICANN 的支持组织和咨询委员会，SO 和 AC）、"号码资源社群"（地区互联网注册管理机构，RIR）以及"协议参数社群"（互联网工程任务组，IETF）。

最后，各个社群根据各自职能通过自身流程响应管理权小组的要求，编制提案。在三大社群各自编制提案的过程中，又重新复制这个征询意见的流程。例如，"域名社群"设立了跟域名有关的跨社群工作组，提议成立一个新的独立法律实体——"移交后 IANA"（Post-Transition IANA），作为 ICANN 旗下的附属机构，跟 ICANN 订立合同，负责跟域名有关的运营。

2. 问责制工作组

问责制工作组也大致经历了相似的流程。问责制问题针对 ICANN 本身，解决"如果 ICANN 出了问题，该怎么办？"的问题。正因为如此，ICANN 董事会本身并不喜欢这个流程。问责制工作组成员包括

---

① NTIA. NTIA Announces Intent to Transition Key Internet Domain Name Functions [EB/OL]. NTIA, 2014-03-14.

ASO（地址支持组织）4 人、ALAC（一般会员咨询委员会）5 人、ccNSO（国家和地区代码名称支持组织）5 人、GNSO（通用名称支持组织）5 人、GAC（政府咨询委员会）5 人、SSAC（安全性与稳定性咨询委员会）2 人以及其他部门 2 人，共选出 28 名代表，此外还有其他 175 位登记参与人。

2014 年 12 月，问责制工作组召开了第一次会议。到了 2016 年 3 月，工作组已经开过 209 次会议，打过 404 小时电话，写过 12430 封邮件。在最后的建议中，工作组提议成立新的法律实体——"赋权社群"（Empowered Community）。根据加州法律，赋权社群将拥有任免 ICANN 董事会成员或重组董事会的权力。

"赋权社群"由 ICANN 五个支持组织和咨询委员会组成：地址支持组织（ASO）、一般会员咨询委员会（ALAC）、国家和地区名称支持组织（ccNSO）、通用名称支持组织（GNSO）以及政府咨询委员会（GAC）。ICANN 的章程将被修改，使赋权社群具有以下权力：（1）拒绝 ICANN 董事会提出的运营计划战略计划以及预算方案；（2）批准对基本章程的修改；（3）拒绝对标准章程的修改；（4）启动具有约束力的独立审核程序；（5）拒绝董事会关于 IANA 职能审核的决策。

此外，问责制工作组进一步限定了 ICANN 的自身使命，使之尽量避开意识形态、内容管理等最具争议的话题。美国最担心 ICANN 在脱离美国政府的直接监管之后会擅自改变自身作为一个技术组织的定位，扩大自己的责任范围。工作组建议限定 ICANN 的使命为保证互联网的独特标识符系统的稳定和安全运行，并且必须严格按此执行，不能对使用这些独特标识符的服务和内容进行管制。

在核心价值观部分，ICANN 将依靠市场机制和民间力量来促进和维护域名系统市场的健康竞争环境。在关于 ICANN 价值观的陈述中，第 5 条严格限制公共部门的权力，将民间团体、技术社群、学界、用户跟企业一起归入私有部门当中。ICANN 核心价值观第 5 条："ICANN 植根于私有部门，包括企业利益相关方、民间团体、技术社群、学界以及用户，同时也应该注意政府和公共机构负责公共政策，适当考虑政府和公共机构的公共政策建议。"①

（二）政府咨询委员会在 ICANN 地位被清晰化、边缘化

在通向 2016 年 3 月 ICANN 第 55 届马拉喀什会议的过程中，关于政府咨询委员会（GAC）权力的辩论最为激烈。

1. 问责制工作组关于政府咨询委员会的建议

在移交之前，ICANN 章程第 11 条第 2 节第 J 款这样论述 GAC 和 ICANN 董事会的关系：在政策的制定和采纳期间，应该适当考虑政府咨询委员会在公共政策问题上的建议。如果 ICANN 董事会想要采取行动的事项跟政府咨询委员会的建议存在冲突，那么 ICANN 董事会应该告知政府咨询委员会和相关政府不采纳建议的原因。此后，政府咨询委员会和 ICANN 董事会应该开展及时有效的沟通，寻求双方皆可接受的办法。②

为了满足美国 NTIA 提出的进一步限制政府权力的要求，问责制工作组对上述条款做了修改。工作组主要采用一升一降的方法。升高是指升高政府咨询委员会向 ICANN 董事会提出建议的门槛，降低是指降低 ICANN 董事会拒绝建议的门槛。问责制工作组在原有论述的基础上加了两部分内容。

一是不管政府咨询委员会要向 ICANN 董事会提出任何建议都需要事先在委员会内部达成全体共识，即不存在任何正式的反对意见。二是

①　CCWG-Accountability Supplemental Final Proposal on Work Stream 1 Recommendations [EB/OL]. 2016-02-23, https：//www. icann. org/en/system/files/files/ccwg-accountability-supp-proposal-work-stream-1-recs-23feb16-en. pdf.

②　ICANN. A California Nonprofit Public-Benefit Corporation [EB/OL]. ICANN, 2019-11-28.

董事会只需要达到 60% 的票数就能抵制政府咨询委员会的建议。①

这个建议几乎封杀了政府咨询委员会正式提出任何建议的可能性。毕竟，一旦出现极具争议的问题，在当下政府咨询委员会 162 个成员内部实现全体共识的可能性微乎其微，甚至完全属于天方夜谭。所以，工作组里的产业界代表戴尔比安科（Steve DelBianco）宣布："毫无疑问，政府或政府咨询委员会，在移交过程中失去了权力。"②

这个提议引来了广泛的抗议。巴西政府的提议正好相反，要求降低政府咨询委员会提出建议的门槛，由委员会内部界定究竟获得多少票数可以算作共识。另一方面，巴西政府要求提高 ICANN 抵制政府咨询委员会意见的门槛，要达到三分之二以上的票数才能抵制。

ICANN 政府咨询委员会中的欧盟成员则提出了一个折中建议。如果政府咨询委员会内部以全体共识的方式提出了建议，那么 ICANN 董事会要抵制这项建议，需要达到三分之二以上的多数。如果政府咨询委员会以大多数共识的方式提出了建议，即仅有极少数委员会成员不赞同，那么 ICANN 董事会要抵制这项建议，只需要达到多数票即可。

巴西和欧盟的建议均未被问责制工作组采纳。可以看到，问责制工作组为了争取美国政府移交管理权，不允许做出改动，工作组所提出的建议不仅符合 NTIA 设定的框架，即不能以政府领导的组织或政府间组织取代当前 NTIA 扮演的角色，而且还完全吻合美国参议院提出的细节要求。

---

① Annex 11 - Recommendation #11: Board Obligations with Regards to Governmental Advisory Committee Advice（Stress Test 18）［EB/OL］. 2015-11-30, https://community. icann. org/download/attachments/56989168/Rec%2011%20-%20GAC%20Advice. pdf? version=1&modificationDate=1452877273000&api=v2.

② Privatizing the internet assigned number authority［EB/OL］. 2016-03-17, https://docs. house. gov/meetings/IF/IF16/20160317/104682/HHRG-114-IF16-Transcript-20160317. pdf.

这源自美国桑恩（John Thune）和卢比奥（Marco Rubio）两位参议员在 2014 年 7 月 31 日给 ICANN 董事会主席克罗克（Steven Crocker）写的一封信。信件从三个方面具体指出如何限制政府在 ICANN 的权力：（1）不允许政府代表进入 ICANN 董事会；（2）政府的作用限定为咨询角色，通过政府咨询委员会落实；（3）修改 ICANN 章程，只有当建议在政府咨询委员会获得共识的情况下方能进入 ICANN 董事会。[①]

2. 十六国松散阵线的抵制

问责制工作组的建议激起不少政府代表的激烈反弹。在通向马拉喀什 ICANN 第 55 次会议的过程中，涌现出来一个由松散的 16 个国家组成的准联盟，共同抵制这个会削弱政府权力的条款。这些国家包括法国及其带领的前法属殖民地国家（贝宁、几内亚、马里、刚果）与巴西/阿根廷率领的南美、拉美、加勒比国家（智利、多米尼加、巴拉圭、秘鲁、乌拉圭、委内瑞拉）。

俄罗斯加入这个阵线毫不让人惊讶，俄罗斯指责 ICANN 改革并无新意和诚意，仍是一个西方的组织。非洲的尼日利亚和欧洲的葡萄牙是这个阵营里另外两个无法归类的国家。中国大致采取了战略模糊的方法，没有加入这个阵线，而是保持作壁上观的态度。

十六国松散阵线指责多利益相关方社群对各国政府的敌视态度，认为政府在当前 ICANN 治理结构中所起到的作用太小，主要列举了四点让他们非常不满的内容：

（1）政府通过政府咨询委员会在 ICANN 只能扮演咨询的角色，而其他实体则可以通过起草政策建议扮演决策角色。

（2）政府无法参加 ICANN 提名委员会（NomCom）来决定 ICANN 董事会、国家和地区名称支持组织（ccNSO）、通用域名支持组织

---

① Letter for Chairman Crocker [EB/OL]. 2014-07-31, https://www.icann.org/en/system/files/correspondence/thune-rubio-to-crocker-31jul14-en.pdf.

（GNSO）、一般会员咨询委员会（ALAC）的领导职位，而ICANN内部的其他咨询委员会（AC）和支持组织（SO）却可以这样做。

（3）政府不能进入ICANN董事会，而所有其他咨询委员会（AO）和支持组织（SO）可以直接或通过提名委员会的方式选举董事会成员。政府咨询委员会仅能做到在ICANN董事会任命一个不具有投票权力的联系人。

（4）ICANN董事会可以轻易地抵制政府咨询委员会的建议（董事会内部60%的多数票即可抵制政府咨询委员会达成全体共识的建议）……相较而言，通用域名支持组织（GNSO）仅以66%多数票通过的决策建议（PDP）需要在董事会获得高达三分之二的多数票方能抵制。①

由此可见，各国政府和政府咨询委员会在ICANN的权力极为有限。法国政府代表对此表达了巨大失望和不满，认为这将导致政府在ICANN被彻底边缘化，从而为"GAFA"（谷歌、苹果、脸书、亚马逊）等美国产业利益集团让路。② 法国与ICANN之间的矛盾积攒已久，法国认为自己在"wine"或"vin"（酒）等顶级域名上拥有巨大产业利益，而ICANN在落实这些域名时拒绝认可它们的地域性。为了抗议ICANN的这种做法，法国甚至升级到抵制欧美《跨大西洋贸易和投资伙伴关系协定》谈判的高度。

这种种抵制最终还是虚张声势、半真半假，因为不管结果如何，各国都乐见美国政府交出管理权，所以都尽量控制批评的调门，屏息等候美国国内各派博弈的结果，生怕搞砸了整盘游戏。

---

① Minority Statements [EB/OL]. 2016-02-25, https：//community. icann. org/display/acctcrosscomm/Minority+Statements? preview=/58726353/58727370/Olga-MinorityStatement-Revised%2025Feb. pdf.

② MCCARTHY K. French scream sacré bleu! as US govt gives up the internet to ICANN [EB/OL]. The Register, 2016-03-24.

三、2016 年 3 月 17 日：承上启下的众议院"私有化 IANA"听证会

在这场关于 ICANN 改革的大辩论中，在管理权小组和问责制工作组这两条轨道上发生的辩论比较程式化，有时晦涩难懂。发生在美国国会的听证会上的辩论有时更能帮助人们厘清思路。美国国会就 IANA 职能管理权移交召开过多场听证会。

两场发生在 2015 年管理权小组和问责制工作组撰写报告和建议期间。2015 年 2 月 15 日，美国参议院商务、科学和运输委员会就"保护互联网治理多方模式"召开听证会。2015 年 5 月 13 日，美国众议院能源和商务委员会就"利益相关方针对 IANA 移交的视角"召开听证会。

还有一场发生在提交报告之后，2016 年 3 月 17 日，美国众议院能源和商务委员会就"私有化 IANA"召开听证会。由于参加这些听证会的证人证词具有较高的重合度，所以这里只记叙 2016 年 3 月这场承上启下的听证会。

（一）参见听证会的六位证人及其证词

参加 2016 年 3 月听证会的六位证人均强烈支持按时移交，赞成全球多利益相关方社群提交的两套移交方案，表示所提交的方案符合美国政府此前所设定的要求。①

第一位证人管理权小组主席库帕（Alissa Cooper）主要谈论了《IANA 管理权移交方案》。她从三个方面揭示了这个方案的重要性：（1）该方案代表全球共识，对于方案的支持既广又深，既具有多样性又具有全球性。（2）移交方案不会打乱互联网运行的连贯性，互联网用户不会受到负面影响。不仅如此，将 IANA 职能管理权从美国政府移

---

① Privatizing the internet assigned number authority ［EB/OL］. 2016 - 03 - 17, https：//docs. house. gov/meetings/IF/IF16/20160317/104682/HHRG - 114 - IF16 - Transcript - 20160317. pdf.

交到全球多利益相关方社群，还可以使互联网的监管方式更加匹配其协作式、去中心化的运营特点。（3）移交方案满足了 NTIA 提出的所有条件。

第二位证人戴尔比安科（Steve DelBianco）作为美国电商协会 NetChoice 的执行董事，参加了问责制工作组的工作，代表产业界的利益。NetChoice 是一些电子商务公司、在线企业和互联网用户的联盟，成员公司包括美国在线、eBay、Expedia、Facebook、谷歌、VeriSign 以及雅虎。戴尔比安科在证词中用车和司机的关系来解释移交的过程，认为斯诺登泄密事件是美国交权的加速器：

域名系统是一辆车，美国在 20 世纪 90 年代设计并打造了这辆车，那个时候，车牌号上写着 IANA。到了 1998 年，成立了 ICANN，并指定它为司机。我们把钥匙交给 ICANN，但同时监督它的驾驶情况。作为抓手，我们保持对这辆车的权力，确保 ICANN 负起责任。但是，在斯诺登泄密事件之后，美国如果还要握紧这项权力，则不具有可持续性，也不具备必要性。①

第三位证人格罗斯（David Gross）认为这个移交方案可以保证 ICANN 不会落到国际电信联盟（ITU）或任何政府间组织的手中，这是一项巨大的成就。格罗斯在这方面深有感触，他曾经在互联网治理外交领域代表美国政府工作过八年，他说他所接触到的几乎每一个国家都质问美国政府独霸 ICANN 的合法性，都试图用联合国、ITU 或其他政府实体来取代美国政府。他认为落实了这个移交方案之后，各国政府将会放弃对 ICANN 的念想，转而在其他组织和论坛寻求对互联网治理事务的控制。

---

① Privatizing the internet assigned number authority［EB/OL］. 2016 - 03 - 17, https：//docs. house. gov/meetings/IF/IF16/20160317/104682/HHRG - 114 - IF16 - Transcript - 20160317. pdf.

第四位证人普朗克（Audrey Plonk）是英特尔公司全球安全和互联网治理政策主任，她指出英特尔公司的商业计划已经认定未来15年互联网仍将以过去15年的速度迅猛增长，认为新的增长将会纳入物联网、可穿戴式设备、自然语言识别、纳米技术、量子计算和虚拟现实。普朗克表示她所在的公司十分支持这次移交，认为多利益相关方模式能够确保稳定性，市场会继续投资互联网和美国科技创新。普朗克还表示，如果国会阻碍这个移交过程，那会向市场和国际社会释放非常负面的信号。"人们会觉得我们不尊重自己做出的移交承诺。不仅各国政府会这样认为，企业界也会这样想。这对投资和企业非常不利。许多国家会以此作为现成的理由在信息技术产业界树立贸易障碍。"①

第五位证人是民主与科技中心（CDT）全球互联网政策与人权项目主任谢尔思（Matthew Shears）。CDT是一个基于华盛顿的非营利组织，成立于1994年，使命是促进互联网的开放、创新和自由，具体关注"消费者隐私、言论自由、安全和监控、数字知识产权、全球互联网政策、欧洲事务以及互联网基础架构"。② CDT既参加了信息社会世界峰会，也参与了针对ICANN改革的两个工作组的工作，在听证会上主要阐释并褒扬了两个工作组的工作方式，认为打包方案是"多利益相关方社群所取得的杰出成就"，这个过程本身实践了多利益相关方模式，是这个模式的"最佳表达方式"。

第六位证人是国际互联网协会（Internet Society）全球政策发展副总裁温特沃斯（Sally Shipman Wentworth）。国际互联网协会在全球拥有8万多名会员和116个分会。温特沃斯表示，多利益相关方互联网治理

① Privatizing the internet assigned number authority ［EB/OL］. 2016-03-17, https：//docs. house. gov/meetings/IF/IF16/20160317/104682/HHRG-114-IF16-Transcript-20160317. pdf.

② CDT：Who We Are ［EB/OL］. CDT.

模式的真谛在于"没有任何一方能够俘获或控制互联网，因而能够确保每一方的利益"。他认为从早期到现在，IANA 职能的管理一直在诠释多利益相关方模式，都是基于分散式协调和透明治理。"在移交方案中，没有任何一方拥有过度的控制，并且拥有具体的协议来防止任何组织或政府俘获管辖权，或在管理过程中排除别人。"①

（二）三个组织提交的书面意见

美国保守派智库传统基金会（The Heritage Foundation）、互联网基础设施联盟（i2Coalition）、法学和经济学国际中心（International Center for Law & Economics，ICLE）这三个组织向听证会提交了书面意见。

传统基金会代表美国强硬派的意见。作者谢菲尔（Brett D. Schaefer）等人虽然认可问责制工作组提出的移交意见——并且谢菲尔还作为工作组成员参加了起草工作，但是提出了拖延战略，实为阻挠移交，认为再将合同延期三年到 2019 年 9 月比较合适。

"问责制工作组就美国合同关系失效之后的安排提出了许多改进措施，但是仍然留下许多不确定性。虽然《加强 ICANN 问责制的建议》为打造一个负责任的机构设计了蓝图，但是实施效果还待观察。因此，美国在做出不可逆的决定之前还需三思而后行。"② 谢菲尔的这个意见并没有被采纳，如果获采纳，那么考虑到特朗普政府后来上台，这次移交必会泡汤。

互联网基础设施联盟（i2Coalition）代表产业界的意见，提交的书面意见跟六位证人的意见相同。i2Coalition 表示，该组织支持"将

---

① Privatizing the internet assigned number authority［EB/OL］. 2016 - 03 - 17, https：// docs. house. gov/meetings/IF/IF16/20160317/104682/HHRG - 114 - IF16 - Transcript - 20160317. pdf.

② Privatizing the Internet Assigned Number Authority［EB/OL］. 2016 - 03 - 17, https：// docs. house. gov/meetings/IF/IF16/20160317/104682/HHRG - 114 - IF16 - 20160317 - SD003. pdf.

IANA 职能的管理权移交到全球多利益相关方社群"，赞成"ICANN 马拉喀什大会上全球互联网社群达成一致的综合打包方案"，认为"移除美国政府对 IANA 职能的控制，建立一个真正的多方模式，可以打消人们的顾虑"，认为"为了执行能够促进增长、亲私有部门的政策，促进开放互联网的成长，成功移交是最佳途径"。①

法学和经济学国际中心（ICLE）代表学界的看法，认为没有技术组织可以做到宣称的中立，因而对 ICANN 表现出来的放任自流的域名治理态度表达了强烈不满。该中心的学术顾问是来自加州大学洛杉矶分校、乔治梅森大学、纽约大学、芝加哥大学、耶鲁大学的七位知名法学和经济学教授。ICLE 主要批评了 ICANN 没有采取有效措施去删除那些被用于非法用途的域名，导致非法内容（pirated content）占据了互联网流量的四分之一。"盗用、非法处方药、钓鱼网站等给网络空间带来了巨大损失，这是 ICANN 的最大败笔。"在其书面意见中，ICLE 没有明确表达对这次管理权移交的正面或负面看法。②

四、2016 年 9 月 14 日：施特里克林与克鲁兹在参议院"保护互联网自由"听证会上的较量

冲突和争议主要凝聚在两个人身上。一个是美国商务部助理部长、电信与信息管理局局长施特里克林，他代表奥巴马政府，是正方，是主张移交派，是民主党派，是全球化的坚定支持者。他背后的支持者是奥巴马政府和美国信息产业界。美国信息产业界由大、中、小、微一系列

---

① i2Coalition Statement on the IANA Transition［EB/OL］. 2016 - 03 - 13，https：//docs. house. gov/meetings/IF/IF16/20160317/104682/HHRG - 114 - IF16 - 20160317 - SD004. pdf.

② In ICANN we trust：assuring accountable internet governance［EB/OL］. 2016 - 01，https：//docs. house. gov/meetings/IF/IF16/20160317/104682/HHRG - 114 - IF16 - 20160317 - SD005. pdf.

企业组成，诸如 ITI、NetChoice、i2Coalition 等行业协会都支持本次移交。

另一个人是美国得克萨斯州共和党参议员克鲁兹（Ted Cruz），他是反方，是共和党人，是反对移交派，是国家主权派，对全球化持有怀疑态度，是美国军事和安全力量的代言人。在他的背后，是诸如传统基金会智库等强硬派。后来当选的特朗普总统均属于这个类别。

2016 年 6 月 9 日，收到移交计划不到三个月，NTIA 公布审核意见，表示 ICANN 提交的移交计划满足了此前设定的条件，表示如果贯彻并完成移交，有助于确保私有部门在跟互联网技术结构有关的决策中继续保持领导地位，避免一些外国政府以美国政府的特殊地位为借口主张由政府控制互联网域名系统。[①]

2016 年 8 月 16 日，NTIA 宣布不再延期现有合同。在写给 ICANN 新任总裁兼 CEO 马跃然（Göran Marby）的信中，施特里克林表示："如果不出现重大阻碍，NTIA 将允许 IANA 职能合同在 2016 年 10 月 1 日到期后自动失效。"[②] 重大阻碍暗指美国国会休会期结束之后有可能采取阻挠移交的新举动。

2016 年 9 月 8 日，从总统竞选中失意退出的共和党参议员克鲁兹（Ted Cruz）果然腾出手来，宣布将升级他此前的抵制行为，全力阻挠移交。以施特里克林为代表的主张移交派和以克鲁兹为代表的反对移交派之间的冲突日益激化。如上所述，主张移交派包括奥巴马政府、美国信息产业界及其行业组织，反对移交派主要包括传统基金会等保守智库、国会保守势力。

---

① NTIA：NTIA Finds IANA Stewardship Transition Proposal Meets Criteria to Complete Pri-vatization［EB/OL］. NTIA，2016-06-09.

② Letter from ICANN Chairman Crocker［EB/OL］. 2016-08-16，https：//www. ntia. doc. gov/files/ntia/publications/20160816marby. pdf.

2016 年 9 月 14 日，在美国参议院司法委员会（Senate Judiciary Committee）听证会上，主张移交派和反对移交派彻底摊牌，施特里克林和克鲁兹之间的冲突无以复加，克鲁兹当场表示，按照联邦法律可以将施特里克林送进监狱，施特里克林也忍无可忍再不必忍，表示对克鲁兹指控的莫须有的罪名感到"义愤填膺"。① 共有 9 位证人参加了这次听证会，辩论主体发生在几个关键的当事人之间。由于美国大选的加持作用，这次听证会开得充满火药味。

这次听证会的主题是"保护互联网自由：终止美国互联网监管权的影响"。因此，主要争议在于移交会保护还是削弱互联网自由？会壮大还是削弱所谓"互联网敌人"的力量？克鲁兹信奉网络空间国家主权论，而且是最糟糕的那种主权论，只提倡美国的国家主权，不尊重别国的主权，是美国单边主义和例外主义的典型表现。美国保守势力、鹰派人士中，克鲁兹这种人物其实极为常见。

克鲁兹认为只有将互联网置于美国国家主权的保护下，才能真正维护互联网和言论自由，缺少美国政府的背书，自由便沦为空谈，全世界只有美国有自由，其他任何国家都没有。"在全球几乎任何其他国家，都有人利用手中的权力拒绝人们访问不受欢迎的网站，只有在美国不是如此，美国政府拥有监管互联网基础设施的权力，也有保证每个网站皆可被访问的责任。"② 克鲁兹认为，如果美国交出 IANA 职能管理权，等于将 ICANN 拱手让给世界其他国家。

克鲁兹对俄罗斯、中国、伊朗三国抱有极深的成见与敌意，由于 ICANN 跟中国的交集颇多，克鲁兹尤其针对中国。他联合俄克拉荷马

① Protecting Internet Freedom：Implications of Ending U. S. Oversight of the Internet［EB/OL］. 2016-09-14, Committee on the judiciary.

② Protecting Internet Freedom：Implications of Ending U. S. Oversight of the Internet［EB/OL］. 2016-09-14, Committee on the judiciary.

州兰克福特（James Lankford）和犹他州迈克尔·李（Michael S. Lee）两位共和党参议员，在 2016 年 2 月 4 日、3 月 3 日、4 月 4 日连续给 ICANN 总裁写信，并设定回信期限，有时要求 3 天内必须回复。克鲁兹要求 ICANN 解释其前总裁法迪（Fadi Chehadé）担任世界互联网大会乌镇峰会高级别专家咨询委员会联合主席的情况和法迪的一些言论。

　　克鲁兹跟法迪对中国社群的看法截然不同。克鲁兹本人认为 ICANN 总裁跟中国打交道本身就是一种十恶不赦的行为。法迪曾在 2013 年 4 月 8 日于北京召开的 ICANN 第 46 届会议上明确表示："中国正成为互联网社群的核心地带……从 ICANN 的角度来看，根本不存在应不应该跟中国打交道的问题，ICANN 必须在社群的每个层面跟中国积极打交道，否则会损害 ICANN 自身的全球合法性。"[1] 克鲁兹极其厌恶法迪的这种观点，要求 ICANN 新领导层必须表态是否赞成法迪的观点。

　　在 9 月 14 日听证会上，克鲁兹质问 ICANN 新总裁马跃然是否赞同法迪的观点，并连续六次提问马跃然是否认为中国是互联网的首要敌人。马跃然表示中国有数量巨大的互联网用户，ICANN 是一家非政治性的技术社群，表示如果这次移交不能顺利进行，那么中国极有可能跟其他国家一道推动将 ICANN 置于联合国的监管之下。

　　在反驳克鲁兹的观点时，施特里克林表示，将美国管理权移交给全球多利益相关方社群，是保护互联网自由的最优选项。继续更新 IANA 职能管理权合同会伤害美国的信誉，伤害互联网自由。施特里克林将世界各国在域名管理上立场分为两类，一些国家主张由政府控制域名管理，主张多边控制，由联合国下属组织 ITU 接管 ICANN；另一些国家赞成多方模式，即私有部门、民间团体以及政府共同治理。

---

　　① Dotsub：Fadi Chehadé Opening Speech［EB/OL］. Dotsub，2013-04-08.

　　施特里克林在证词中说道，以 2012 年国际电信世界大会为例，当时支持政府控制域名管理的国家有 89 个，支持多方模式的国家包括美国在内只有 55 个。但是，由于后来美国宣布移交 IANA 职能管理权，主动切割掉美国政府在域名管理上的特殊角色，将美国政府置于跟其他国家政府在 ICANN 政府咨询委员会平起平坐的地位，加上美国国务院开展了具体的外交行动，这 89 个国家当中有 30 个国家明确表态支持多方模式。因此，施特里克林认为，移交管理权有利于壮大真正多方模式的支持者阵营，保护互联网自由。

　　这次听证会体现出严重的党派分歧，参议员司法委员会副主席、特拉华州民主党参议员库恩斯（Christopher Coons）跟克鲁兹的观点格格不入，在听证会上所提的问题跟听证人施特里克林和马跃然配合默契。库恩斯和克鲁兹都问了大量要求回答是与否的封闭式问题。克鲁兹这样做是为了给施特里克林和马跃然制造陷阱，听证人也极力避免做出直接回答。库恩斯这样做则是为了帮助听证人表达对立即移交的支持态度。比如，库恩斯要求听证人确认这次移交是私有化 IANA 职能，不是将其交给联合国或 ITU，确认 ICANN 不具有审查互联网内容的权力。

　　除了互联网自由这个争议点之外，听证会还辩论了移交是否会造成美国政府财产的流失，是否因此违宪。参议院司法委员会主席、艾奥瓦州共和党参议员格拉斯利（Chuck Grassley）认为这个问题在听证会召开时还没有得到解答。对此，施特里克林提供了两点证据证明这次移交不会造成美国政府财产的流失。一是 NTIA 跟 ICANN 所签订的 IANA 职能合同均没有要求美国政府为 ICANN 提供政府财产，所有人员、材料、设备、服务、设施都是由 ICANN 自备。二是美国审计总署（General Accounting Office）在 9 月 12 日发布报告，认为根区文件和互联网域名系统"不太可能"（unlikely）构成宪法二十二条规定的美国财产，移交并不能构成这方面的损失。

此外，这次移交是奥巴马民主党政府的党派议题？还是超越两党政治并获美国国会支持的历史问题？ICANN 新订立的章程未来能否被修改？ICANN 总部有无可能被挪出加州？ICANN 有无可能变成一个不受美国法律约束的、位于日内瓦的机构？移交是否会影响美国政府继续独占 .gov 和 .mil 顶级域？美国政府是否应该设置移交试验阶段，保留收回成命的权力？支持移交派和反对移交派在听证会均进行了辩论。

参议院听证会之后，两大势力之间的斗争不仅没有减弱，反而愈加升级。为了阻止移交，克鲁兹使出了浑身解数，施特里克林背后的力量也见招拆招。2016 年 9 月 16 日，两派又进行了一场交锋。克鲁兹为首的 11 位共和党参议员发表联合声明，要求民主党参议员加入他们，阻止 10 月 1 日即将发生的移交。声明表示："在国会尚未首肯的情况下，奥巴马政府一意孤行，试图放弃美国对关键互联网职能的监管权，这种行为让人深感遗憾，许多关键问题尚未得到解答，这些问题涉及威权政府在互联网治理方面的影响、言论自由、国家安全、消费者等各个方面，在这些问题得到解答之前，奥巴马政府交出管理权是一件不负责任的事情。"①

同一天，美国国务院三位高官——国际通信与信息政策协调员塞普尔维达（Daniel A. Sepulveda）、网络事务协调员佩恩特（Christopher Painter）以及民主、人权与劳工事务副助理国务卿布斯比（Scott Busby）——联合发表文章，支持马上移交。三位高官表示："如果移交失败，会给对手提供可乘之机，伤害多方模式，给互联网的未来带来最严峻的短期威胁。"②

---

① BERKENS M. GOP Senators Issue Statement Against ICANN October 1 Oversight Transition [EB/OL]. The Domains, 2016-09-16.

② DANIEL A. Sepulveda: Internet Stewardship Transition Critical to Internet's Future [EB/OL]. CircleID, 2016-09-16.

克鲁兹在国会的游说并未成功，跟行政部门的斗争更缺乏抓手，但他仍未死心。9 月 28 日，克鲁兹发动了最后一场战役，战火最终燃烧到了司法领域。亚利桑那、得克萨斯、俄克拉荷马、内华达四个州的总检察长向联邦地区法院（得克萨斯州南区联邦法院）提起诉讼，状告商务部部长普利兹克（Penny Pritzker）和商务部 NTIA 局长施特里克林，列举了这次移交将导致美国资产流失等一系列罪状，要求法院发出临时禁令阻止移交。①

2016 年 9 月 30 日，支持移交的技术和商业力量也登场干预，提交《IANA 法庭之友意见书》（IANA Amicus Brief），要求法院驳回诉讼，不要发出临时禁令。美国法院允许案件的利益相关方以这种形式提交意见。互联网协会（Internet Association）、互联网基础设施联盟（Internet Infrastructure Association）、国际互联网学会（Internet Society）、计算机与通信工业协会（Computer & Communication Industry Association）、电商协会（NetChoice）、Mozilla 基金会、Packet Clearing House 研究所、互联网应用协会（ACT | The App Association）、美国互联网号码注册局（ARIN）、信息技术产业理事会（Information Technology Industry Council）、Access Now 民间组织、互联网架构委员会（IAB）主席沙利文（Andrew Sullivan）、互联网架构委员会（IAB）执行总裁哈迪（Ted Hardie）、互联网工程任务组（IETF）主席阿尔科（Jari Arkko）、管理权小组主席库帕（Alissa Cooper）等机构和个体在意见书上签字。②

得克萨斯州南区联邦法院法官汉克斯（George Hanks）最终听取了法庭之友的意见，驳回了四州总检察长的诉讼，拒绝发出临时禁令。参

---

① In the united states district court southern district of texas galveston division［EB/OL］. 2016-09-28, https://www. icann. org/en/system/files/files/litigation-states-various-complaint-application-tro-injunction-28sep16-en. pdf.

② IANA：IANA Amicus Brief［EB/OL］. Internet Society，2016-09-30.

议员克鲁兹穷尽了所有手段施加阻挠，坚持到了最后一刻，但败下阵来。2016 年 10 月 1 日，ICANN 社群成员终于等来期盼已久的消息：美国放弃 IANA 职能管理权。美国政府跟 ICANN 签订的 IANA 职能合同如期失效。ICANN 社群成员弹冠相庆，将此作为《网络空间独立宣言》得到落实的坚实证据。

2016 年 11 月 3—9 日，ICANN 第 57 次会议在印度海德拉巴召开，这是移交之后的第一次 ICANN 会议，当地时间 11 月 8 日晚上召开了移交庆功会。然而，欢呼的声音尚在耳边萦绕，11 月 9 日上午便从美国传来特朗普当选总统的消息。特朗普的政治理念跟克鲁兹相似，同属保守派，都是美国国家主权的推崇者，对于信奉全球化的信息技术产业界与崇尚理想主义的技术社群来说，这无疑是当头一棒。旧的战争刚刚结束，新的战端又将开始，新的战争围绕数据本地化、网络空间军事化等议题进行，战火与硝烟遍布全球。

五、2017 年 5 月 16 日：雷德尔重新评估 IANA 职能管理权移交

2017 年 5 月 16 日，美国总统特朗普提名雷德尔（David J. Redl）担任新的美国商务部助理部长、电信与信息管理局局长，取代奥巴马时代的施特里克林，但是提名还需要获得美国参议院的确认。在确认听证会上，克鲁兹参议员询问雷德尔对 IANA 职能管理权移交的看法，雷德尔表示移交已经是既成事实，覆水难收，无法把精灵重新放回瓶子里。

克鲁兹对此极为不满，认为雷德尔违背了他和特朗普政府的路线，因此阻挠任命雷德尔。为了获得参议院确认，雷德尔不得不向克鲁兹承诺，获得任命后将组织一批专家重新评估 IANA 职能管理权移交。2017 年 11 月 7 日，雷德尔的任命终于获得美国参议院确认。

2018 年 6 月 4 日，雷德尔公开征询"关于国际互联网政策重点施政方向"的意见，列举了四大领域：（1）信息自由流通与行政管辖权；

（2）互联网治理的多方模式；（3）隐私与安全；（4）新兴技术与趋势。雷德尔将是否能够收回 IANA 职能管理权问题放在第二个领域，设计的问题是："IANA 职能管理权移交能否被逆转？如果能，为什么要逆转？如何才能做到？如果不能，为什么不能？"这种方式比较间接，既表示他完成了特鲁兹的作业，也可以借此寻找上任以来的工作重点和方向。

雷德尔本身属于特朗普和克鲁兹阵营里的人，但他在移交问题上采取的措施主要是为了照顾参议员克鲁兹的面子，极不可能收回 IANA 职能管理权，也缺乏采取这方面行动的法律基础。用佐治亚理工学院教授穆勒（Milton Mueller）的话说，雷德尔不是好人，但没有坏到失去理智的地步，他自己明白很难逆转 IANA 职能管理权的移交。穆勒认为，雷德尔的行为仅是为了在姿态上给克鲁兹一个交代。

雷德尔要求各利益相关方在 7 月 17 日之前提交意见，在截止日期之前共收到将近 100 家公司、机构以及个人提交的意见。绝大多数意见都维护此前的移交决定。电子前沿基金会（EFF）等民间团体表示，绝对不允许逆转此前的移交决定，NTIA 在这个领域的霸权地位曾经持续了将近 20 年，好不容易寿终正寝，不能卷土重来。ICANN 董事会表示，多方模式运转良好，广获社群支持和顾客好感，具有灵活性和韧性，将持续成长和进化。

美国互联网协会、互联网治理联盟、互联网基础架构联盟、微软公司、美国商会等都表示支持此前的移交，反对收回成命。即便是强硬路线智库美国战略问题研究所（CSIS）也不主张收回移交决定，但认为技术社群等非国家行为主体的辉煌时代已经过去，中国、俄罗斯、欧盟等国家行为主体正在网络空间划定新的边界，美国政府必须重视这种新趋势。

值得指出的是，NTIA 的新动作跟断网问题无关，却在中国被描述为断网问题，美国商务部咨询是否能够收回 IANA 职能管理权这件事情，跟断网问题不是同一件事情，不属于同一个讨论思路。但断网问题一再出现在中国的舆论空间，并且喜欢将中国定义为受害者，这些言论值得深入思考。断网问题是世界各国都天然应该担心的问题，但其实也是美国担心的问题。美国对互联网和数字空间的依赖度世界最高，美国的经济利益等硬实力和文化传播等软实力均需要通过互联网来实现与维护。

美国是从军事和情报角度来思考断网问题的，认为断网是美国自身的软肋、痛点及脆弱点，担心包括 IANA 职能在内的互联网基础架构遭到军事或网络攻击的程度，甚至要超过金融、银行等关键基础设施。

断网问题是个情报和军事议题。当前国际谈判的焦点是，在各国通过网络空间进行的情报渗透活动中，是否可以在实质上破坏互联网的正常运转？或者在军事冲突的背景下，能否可以攻击包括 IANA 职能在内的互联网基础架构？关于断网问题的国际谈判，主要在情报和军事这两个层面进行，并且在这两个层面，美国都率先提出了反对断网的意见。

在这两个层面，美国试图获得世界其他国家的承诺，情报渗透活动不能破坏互联网的正常运行，同时要求世界其他国家默认接受斯诺登泄密事件中美国政府的行为，因为美国情报和军事部门的行为并没有影响各国正常使用互联网。美国还希望树立并维护互联网基础架构在军事冲突中的中立性，试图将此跟战时指挥系统、全球金融系统一道，定义为不能打的类别。

在这个背景下，如果出现所谓美国给世界其他国家断网的情况，那在较大程度上等于给中国、俄罗斯、巴西等美国的竞争对手送上礼物和口实，在事实上造成网络空间的分裂割据，扩大新兴国家在国际网络安全事务中的话语权。IANA 职能问题在极大程度上已经不再是一个技术难题，而主要是一个信任问题和制度问题。

IANA 职能跟电话本相似，在技术上主要是一个复制粘贴和服务器指向的问题。当下 ICANN、IETF 等机构运转良好，具有极高的包容性和开放性，在"全球一网、互联互通"的情况下，数字经济的繁荣得到了保障。美国不太可能打破这个基本前提，美国甚至请求世界其他国家不要破坏这个基本前提。当然，美国总统特朗普之类的领导人采取的许多动作出人意料，把美国的核心利益拿来做赌注，也存在一点可能性。

六、后移交时代需要关注的四个问题

从 2014 年 3 月 14 日开启的移交过程具有高度的仪式感，宛如一场好莱坞电影。作为核心观众，ICANN 社群成员身在其中，感同身受，持续观看了两年半的时间。尽管各国在 IANA 职能管理权移交过程中发表了各种看法，但是大都乐见移交成功。后移交时代，可在以下四个方面继续关注 ICANN 机制和全球互联网治理。

第一，各国各方需要进一步消除对 ICANN 机制和 IANA 职能管理权移交的误解，加大参与 ICANN 会议与机制。在 IANA 职能管理权移交这场长达两年半时间的马拉松赛跑中，各国对这次移交的最大误解是认为 ICANN 的未来是私有化、商业化，不是真正的国际化、全球化。这种说法忽视了 ICANN 技术社群和民间团体的参与。

美国信息技术产业的代言人在 ICANN 的影响力确实很大，但是从 ICANN 章程、机制、程序以及历史来看，ICANN 的私有化跟传统上所理解的私有化完全不同。ICANN 章程虽然明确规定 ICANN 植根于私有部门，但私有部门的定义是"商业利益相关方、民间团体、技术社群、学界以及终端用户"。

造成这种误会的根本原因多种多样，典型的有两个：一是欧洲和亚洲等地缘政治领域的紧张形势影响了总体氛围，导致不少国家持续质疑美国政府这次移交背后的动机；二是美国人自己用词不妥。2016 年 3

月 17 日，美国众议院曾直接以"私有化 IANA"作为题目召开听证会，在无数其他场合，美国直接以想当然的方式使用"私有化"这种措辞，而没有对私有化的含义做出具体解释。

总体来说，ICANN 的私有化不单是商业化和产业化，而是将ICANN 置于非政府主体的机制之下。这为全球多个利益主体的参与留下了广泛的空间。民间力量借势崛起，并巩固了自己的地位，这是最大的成果，标志着一个信息传播技术支持下的新乌托邦理想的诞生。但是，显然，市场力量在这个过程中也扩大了权力，未来 ICANN 需避免走进私有化的藩篱。

第二，需要全面辩证理解和梳理多方模式和多边模式之间的关系。多边机制和多方机制并不矛盾，而是相互补充、相得益彰。不管是在ICANN 机制本身，还是在 ICANN 所主管的域名体系内，国家主权的介入范围和范畴实际上非常广泛且深入。

在 ICANN 所管辖的域名体系中，各国都认可".cn"（中国）、".de"（德国）、".ru"（俄罗斯）、".jp"（日本）等国家代码顶级域的主权属性。同时，顶级域名的注册已经向省份和城市开放，".Helsinki"（赫尔辛基）、".London"（伦敦）、".NYC"（纽约）等城市名称都也成为顶级域名，获得跟".fi"（芬兰）、".uk"（英国）、".us"（美国）等国家级域名同样的待遇。它们都属于各国行政区划内的城市，完整携带主权属性。

关于 WHOIS 域名注册信息查询，也可以较大程度上包容各国隐私法的差异，尊重各国国家主权。通过使用 WHOIS 数据库（https：//whois. icann. org/en），任何人都可以查询某个网站的注册信息，涉及包括域名所有人、注册商、注册地、创建和更新日期、联系电话、传真、邮箱等将近 60 行标准格式的信息。但是具体到各个国家层面，所公布的内容亦可根据本国隐私法的内容决定公开内容的完整程度。

更何况，ICANN 机制下的域名注册商、注册局也均属于各国本国法律管辖范畴。所以，从 ICANN 机制本身来看，虽然奉行的是多方原则，但是从更广的实践层面来看，ICANN 却是多边和多方融合绽放的万花筒。

第三，需要充分认识多方模式在未来全球治理中的生命力和影响力。ICANN 机制所代表的多方模式实际上是一种全球治理模式的创新之举，挑战了所有传统的、工业时代的治理模式。多方模式的影响力已经扩散到全球治理的各个平台上，未来将继续蔓延。

有人说，太阳照常升起，互联网仍将像以前那样运转。从技术视角来看，这句话可能并无不妥之处。但是，从全球治理政策创新的视角来看，美国放弃了对 ICANN 的单边控制，标志着多方模式在 ICANN 机制中得到了更大的贯彻落实。该模式将对未来的全球互联网治理乃至全球治理产生分水岭性质的影响。

这个模式的影响力早已开始释放，虽然多方决策很难成为主流，但是多方参与已成共识。2003 年和 2005 年信息社会世界峰会（WSIS）以来，民间团体和市场力量已经作为一种合理的利益相关方登上国际舞台。联合国平台下的互联网治理论坛（IGF）奉行多方参与原则。从第一届峰会开始，中国的世界互联网大会乌镇峰会便是多方参与的会议。

多方模式是一种政府、市场和民间团体的共同治理模式。移交之后，这个模式在未来的潜力不可低估。这个模式在 ICANN 获得成功，有可能更多地反哺传统空间，冲击欧盟、美国、中国等国的既有的公共治理模式。ICANN 前董事会成员克莱恩沃彻特（Wolfgang Kleinwächter）甚至将互联网经济认作一种新的经济基础，将多利益相关方模式认作一种新的意识形态。

眼下，多方模式当然存在巨大的弊端，它只在程序上保障并贯彻了多方，保障了面向各方参与的开放性和决策透明度，但在结果和实践层面仍有极多不如意之处。程序正义和结果正义如何同时保障？连一张参加 ICANN 会议机票也买不起的不少发展中国家社群成员如何跟发达国家社群成员共同商量互联网政策？这些都是具体的问题。

但是，可以肯定地说，多方模式具有极高的吸引力和扩散潜力，在一定程度上贯彻落实了全球共同体的理想，实现了全球互联网治理制度创新，距离《网络空间独立宣言》的全球共同体理想又近了一步，为网络安全领域的讨论积攒了宝贵经验，提供了一种另类的制度设计蓝本。

第四，移交暴露了美国信息产业界和安全军工界之间的深刻利益冲突。在互联网治理问题上，美国争取的双赢从来不是与世界各国的双赢，而是美国信息产业界和安全军工界的双赢。美国安全军工界和产业界在互联网治理问题上存在极大的利益冲突。美国政府充当两大利益集团之间的协调者，在互联网治理外交方面，试图平衡并最大化两大集团的利益。

关于 IANA 职能管理权的移交问题，体现出美国国内两党政治零和博弈、不择手段的特点。美国两大势力在这方面的博弈涉及行政、立法、司法各个层面，体现出多样的套路，折射出完整的政治光谱，呈现出结构性的矛盾。

这次移交得到美国信息技术产业界与民间团体的大力推动。主张移交派背后的支持者是奥巴马政府、美国信息产业界、大多数民间团体以及全球用户社群。反对移交派是美国的保守势力，背后是许多共和党参议员、传统基金会等强硬派智库以及军工和安全界的势力。前者虽然获得了胜利，但是美国大选的结果随后表明，战争远未结束。围绕互联网治理问题，未来的线索和辩论将更多、更复杂、更交织。

第八章

数字冷战和数字共同体

美国安全界和战略界中有很多人都有一种极其负面的习惯，首先想象敌人或者制造敌人，强调网络空间的敌我关系，然后谈论利用网络威慑等手段来遏制心中的假想敌。

这种先入为主的思想源自美国军事情报等安全界，不可控地传染到数字经济和数字贸易领域，在政策层面体现为"清洁网络计划"等具体倡议，转化为在应用程序和5G等软硬件领域制造分裂的行动，形成数字冷战的风险。

这些非黑即白、分裂对立的观念与网络空间命运共同体、数字共同体、全球共同体、全球公共产品等进步思想主张形成鲜明对比。

一、美国：网络威慑论、文明冲突论、数字冷战

（一）美国国防科学委员会《网络威慑报告》

2017年2月27日，美国国防科学委员会（DSB）网络威慑任务小组发布网络威慑报告，将中国和俄罗斯两个大国（major powers）、伊朗和朝鲜两个小国（lesser powers）、ISIS等恐怖组织列为美国网络安全敌人。

该报告罗列了所谓的证据：2012—2013年伊朗对华尔街企业的攻击、2014年朝鲜对索尼公司的攻击、中国多年盗窃美国企业知识产权、俄罗斯2016年干涉美国大选以及匿名黑客等非国家行为主体对美国的黑客攻击。此外，美国强硬派还指控，中俄等国家行为主体对美国构成

的威胁远超 ISIS 等非国家行为主体。

对于美国的这些网络攻击指控，证据层面的讨论固然至关重要。但是，这些指控只字不提美国对别国网络的渗透和攻击，一直把别国对美国的报复行动当成攻击行为，且带有明显的政治和宗教意识形态印记。

不管是美国国防科学委员会的报告，还是美国参众两院的听证会，乃至美国强硬派智库，以及美国主流媒体的报道，仍然沿用传统时代和冷战时期的思维方式，以政治和宗教意识形态划线，先入为主地设定假想敌。

美国的军工、情报、安全界人士、美国例外主义者、技术民粹主义者、大国博弈论者等是这种话语的主要生产者和推手。这些人日益排挤互联网早期时代的理想主义者，毒化网络空间和平主义氛围，将网络空间带进战国时代，网络空间军备竞赛、互联网分裂的风险与日俱增。

这种对抗式思维模式是网络空间全球治理的最大挑战。美国网络威慑论的最大特点是先入为主地设定假想敌，然后主张全面利用自身的军事和经济实力，最大限度地积攒筹码，实施恐吓。这种观念的提倡者喜欢将中国、俄罗斯、伊朗、朝鲜、ISIS 这五个主体当成敌人挂在嘴上，在熟练程度上可以做到毫不思考，便能脱口而出。

网络威慑论植根于西方对世界的看法当中，混合了几个世纪的殖民思维、20 世纪 60 年代到 80 年代的冷战思维、90 年代兴起的文明冲突论，难以撼动。

(二) 萨义德和东方主义

巴勒斯坦裔学者萨义德（Edward Said）提出的"东方主义"（Orientalism）和"他者"（The other）的概念，用于阐释西方对于东方的看法。萨义德认为，欧洲对东方的殖民入侵并非是一个突发的戏剧性事件，而是经历了一个漫长的渐进过程。在这个过程中，欧洲的东方意识最终走出文本的和冥想的状态，转变为工业时代的政治、经济和军事行动。

在东方主义的视角下，以色列是"民主的、自由的"，阿拉伯国家是"邪恶的、专制的以及恐怖的"。西方作家赋予东方的特性是"异质性、怪异性、落后性、柔弱性以及懒怠性"。"从西方最具有想象力的作家，到最严谨的学者，都认为东方需要西方的关注、重构甚至拯救。"①

在美苏争霸时代，冷战思维大行其道，凌驾一切，西方将世界想象成跟共产主义者之间的斗争，国际关系中各国非敌即友、非此即彼、非黑即白，不容忍中间选项。不结盟运动国家在 1974 年提出国际经济新秩序，在 1976 年提出国际信息新秩序，试图在美苏对峙的局面下开辟新的国际关系视角，都以失败告终。

20 世纪 80 年代末 90 年代初，苏联分崩离析，东欧改弦更张，但是主要西方国家并未收敛，而是乘胜追击，借助军事和经济实力，更加肆无忌惮地推行扩张主义对外政策。

"西方力量非但没有收敛自身的挑衅心理，反而变本加厉，发展出来进一步施害的心态，那些跟先前社会主义政权有关联的所有人，包括那群推翻社会主义政权的改革者，也没能幸免。"②

（三）亨廷顿和文明冲突论

1993 年夏，亨廷顿（Samuel P. Huntington）在《外交》杂志（*Foreign Affairs*）上发表"文明的冲突?"一文，文章的观点从另外的视角恰恰印证了萨义德此前对西方世界观的分析。亨廷顿表示，世界政治正在进入一个新的模式。亨廷顿认为，在这个新的世界中，冲突的根本来源不再主要基于意识形态或经济，而是主要基于文化和文明。"文

---

① 杜大华：西方权力与东方学权力话语 [EB/OL]. 个人图书馆网，2021-03-12.

② 卡拉·诺顿斯登. 世界信息与传播新秩序的教训 [J]. 现代传播，2013（6）：64-68.

化将成为人类的主要隔阂和冲突的主要来源。""文明之间的冲突将主导全球政治。"①

当亨廷顿提出文明冲突论的时候，美国民众正在庆祝西方价值观一统江湖，沉浸在战胜"敌人"苏联的兴奋当中。在庆祝的同时，美国精英尤其保守和军工势力则正专注于寻找或树立下一个敌人，这种心态不仅仅出于支撑巨大军费的需要，更反映了一种拒绝和解的世界观。在这种背景下，文明冲突论的诞生可谓恰逢其时。

亨廷顿的文章源自一个叫作"变动的安全环境和美国国家利益"的课题项目，他看起来并非是故意为嗜血而生的军工集团撰写新政治纲领，两者恰属西式世界观在思想和军事阵线上的典型代表，并在东欧剧变这个关键的背景时刻走到了一起。于是，共产主义苏联倒下之后，西方关注的下一个主要异教徒是伊斯兰。

1996 年，《文明冲突与世界秩序的重建》出版刊行，亨廷顿此时坚定地去掉了此前文章标题后面的问号。如今，该书已经出版 20 多年。有人说，他提出的许多观点都得到了验证，然而世界观和军事冲突之间的互动关系是一个根本问题：究竟是鸡生蛋还是蛋生鸡？

简言之，是文明之间真正存在内生的、不可调和的矛盾？还是美国领导的西方首先制造了这些矛盾，然后利用自己的舆论机器宣称这些矛盾真正存在？是世界上所有文明都存在问题，还是美西方所代表的文明存在问题？事实的真相恐怕是《文明的冲突》提供了西方世界观的更新剧本，美国按照这个新的剧本来制造冲突、改造世界。

萨义德指出，亨廷顿的观点实际上是一种新的冷战观点，只不过是原先的阵营是在美苏之间，而亨廷顿想象出来的对立阵营更加复杂，存在于西方文明和儒家文明、伊斯兰文明之间，亨廷顿甚至认为儒家文明

---

① Huntington S P. The clash of civilizations? [J]. Foreign Affairs, 1993（summer）：22-49.

233

和伊斯兰文明正联合起来挑战西方。萨义德直言不讳地指出，亨廷顿的立场跟五角大楼的战略家和军工产业的高管非常契合，由于冷战的结束，这些人可能暂时丢掉了工作，但是现在他们终于找到了新的定位。

（四）加尔通和西方宇宙观

挪威思想家加尔通（Johan Galtung）对西方宇宙观的总结和萨义德相似。加尔通认为西方倾向于将世界看成三个部分：中心地区、边缘地区以及边缘之外的罪恶地区。西方当然属于中心，在新闻媒体和影视作品的帮助下，西方将这个世界想象成跟"共产主义者"、跟"穆斯林狂热分子"、跟"黑鬼"的斗争。西方的思维不注重整体性，西方倾向于从原子论与演绎论的角度来看待知识。这种方法通过分散的、割裂的方式来看待现实，将现实分成各个小单元，逐步理解、消化每个单元。[①]

这种划分敌我阵营的思维方式延伸到网络空间，成为网络威慑论的立论基础。这种思维建立了一个快捷方式，每当挖空心思仍无法说服欧洲盟友的时候，美国就点击这个敌我思维快捷方式。虽然欧洲人没有那么容易接受这种思维，毕竟欧洲人也不喜欢美国这种唯我独尊的说话风格，欧洲人尝试在互联网治理方面走第三条道路，但是美国在绞尽脑汁而无成效的情况下，最终采用这种上纲上线、树立假想敌的恐吓方法往往可以奏效。

二、中国：网络空间命运共同体、天下理论、数字共同体

网络威慑论等零和博弈的观念不仅导致了国际对抗，同时也伤害了美国信息技术产业界的利益。美国国内各个部门、各行为主体对于网络空间的看法处于分裂、极化、博弈的混乱状态。信息技术产业界/民间

---

① Galtung J, Vincent C. Global Glasnost: Toward a New World Information and Communication Order? [M]. New York: Hampton Press, 1992: 73.

团体和军工界、民主党和共和党、商务部和国防部/国土安全部之间存在较大的分歧，难以整合，不成体系。美国总统特朗普上台进一步破坏了自由贸易等西方经济理念和民主自由等西方式普世价值观，使整个体系处于更加混乱的状态。

（一）赵汀阳和天下理论

中国哲学家赵汀阳的观点独树一帜，他认为中国人的世界观是天下理论，是文明一体论。他描述了中国人思维的整体性：

> 中国从来都是综合地使用各种思想，从来都不单独地使用某种思想，比如说，在价值观方面以儒家为主，但在方法论上则主要是道家和兵家，在制度技术上又很重视法家，如此等等，从而形成系统性。中国思想只有一个系统，思维的综合性和整体性正是中国思想的突出优势，不理解这一点就不能表达完整的中国思维，就是个根本性的失败。①

中国历史上出现过罢黜百家独尊儒术，还出现过焚书坑儒，但赵汀阳认为这些都是中国人世界观中的反例。赵汀阳认为，从世界观上看，中国人跟这个世界是和解的，承认世界文明和文化的多样性，包容他者。中国有"非我族类其心必异"的说法，但是，中国没有去征服他者的冲动。中国希望他者接受自己的文化理念，但是，中国没有强迫他者接受的欲念。中国人认为世界无外：

> 中国人认为世界无外。它就只有内部而没有不可兼容的外部，

---

① 赵汀阳. 天下体系：世界制度哲学导论 [M]. 北京：中国人民大学出版社，2011：8.

也就只有内在结构上的远近亲疏关系。尽管和所有地域一样，中国也自然而然地会有以自己为中心的"地方主义"，但仅仅是地方主义，并没有清楚界定的和划一不二的"他者"以及不共戴天的异端意识和与他者划清界限的民族主义。于是，与本土不同的他乡只是陌生的、遥远的或疏远的，但并非对立的、不可容忍的和需要征服的。对于天下，所有地方都是内部，所有地方之间的关系都以远近亲疏来界定，这样一种关系界定模式保证了世界的先验完整性，同时又保证了历史性的多样性，这可能是唯一能够满足世界文化生态标准的世界制度。①

赵汀阳认为，在关于世界政治的问题上，中国的世界观，即天下理论，是唯一考虑到了世界秩序和世界制度的合法性的理论，因为只有中国的世界观拥有"天下"这个在级别上高于/大于"国家"的分析角度。他认为，天下理论想象的是一种能够把文化冲突最小化的世界文化制度，而且这种文化制度又定义了一种以和为本的世界政治制度。文化制度总是政治制度的深层语法结构，亨廷顿也意识到了这一点，所以在文明关系上重新理解了国际关系，可是他只看到了冲突，这毫不意外，因为这只不过是主体性思维和异端模式的通常想法。

（二）网络空间命运共同体

中国对网络空间的认识日益清晰化，摸索形成了一整套网络空间观念体系，在经济实力和政治思想方面愈加自信。

2013 年习近平当选国家主席以来，形成了较为完整的全球治理理念。2015 年 12 月 16 日，在第二届世界互联网大会乌镇峰会上，习近平

---

① 赵汀阳. 天下体系：世界制度哲学导论 [M]. 北京：中国人民大学出版社，2011：51.

主席提出了构建网络空间命运共同体的主张。他表示："网络空间是人类共同的活动空间，网络空间前途命运应由世界各国共同掌握。各国应该加强沟通、扩大共识、深化合作，共同构建网络空间命运共同体。"

从世界互联网大会乌镇峰会的实践经验来看，中国逐渐梳理清楚了网络空间命运共同体和网络主权之间的关系，吃透了理想主义和现实主义的逻辑。在总体纲领方面，乌镇峰会经过连续多年的会议实践，最终交代清楚了网络空间命运共同体和网络主权之间的主次和辩证关系。

网络空间命运共同体是世界观和理想，是个一级概念、经济概念；网络主权是现实，是个二级概念、安全概念。第一届乌镇峰会的总体纲领是"互联互通·共享共治"；第二届是"互联互通·共享共治——构建网络空间命运共同体"；第三届是"创新驱动·造福人类——携手共建网络空间命运共同体"。

网络空间命运共同体是最高的、首要的、总体的概念，也是个理想主义概念，是全球互联网治理的逻辑起点，体现了对共识、理想、价值、新文明的追求，是个经济概念，追求创新和发展，包容差异和分歧。乌镇峰会提出的网络空间命运共同体概念跟中国的全球经济战略密切配合、呼应。网络空间共同体对应全球共同体，数字丝绸之路对应"一带一路"倡议。

网络空间命运共同体近期拓展的具体案例是在网络空间铺垫了习近平主席的达沃斯演讲。中国因其与国际消费市场、五千万海外华人的联系，成为全球化过程的重要受益者。在不少西方国家走向孤立主义的时候，中国从自身发展路径出发，旗帜鲜明反对保护主义，推动贸易和投资自由化。

相对于网络空间命运共同体思想，网络主权是从属的、二级的、防御的、安全的概念，是个现实主义概念，是一种应对工具。当网络强国、上游国家滥用网络空间、违背共同体精神的时候，中下游国家强调借助《联合国宪章》和网络主权保护自身。这种定位既符合我国不主动挑衅、寻求全球共识的文化精神，也是一种进退自如的战略定位。

中国提出的网络空间命运共同体思想跟人类命运共同体理念紧密相连。网络空间命运共同体的思想可以通过数字经济、网络安全以及人文交流三个方面来进行阐释。

第一，在数字经济领域，中国引领全球化，支持自由贸易。2017年1月17日，习近平主席在世界经济论坛发表演讲，明确支持经济全球化，表示要把握好新一轮产业革命、数字经济等带来的机遇。2017年5月14日，习近平主席在"一带一路"国际合作高峰论坛发表演讲，从历史视角阐释中国的全球化建设思路。

第二，在网络安全领域，中国提倡国家主权。网络主权观点是跟网络空间命运共同体观点同时提出的。习近平主席在2015年第二届世界互联网大会上指出，推进全球互联网治理体系变革，应该坚持尊重网络主权、维护和平安全、促进开放合作、构建良好秩序"四项原则"。"尊重网络主权"被摆在"四项原则"的首要位置。网络主权原则强调《联合国宪章》主权平等原则在网络空间的适应性和不干涉内政原则。

"《联合国宪章》确立的主权平等原则是当代国际关系的基本准则，覆盖国与国交往各个领域，其原则和精神也应该适用于网络空间。我们应该尊重各国自主选择网络发展道路、网络管理模式、互联网公共政策和平等参与国际网络空间治理的权利，不搞网络霸权，不干涉他国内政，不从事、纵容或支持危害他国国家安全的网络活动。"

第三，在人文交流领域，中国提倡文明尊重论。这个观点的实际提出时间早于网络空间命运共同体。2014年3月27日，习近平主席在联合国教科文组织总部发表讲话，阐述了中国对文明、文化以及宗教的基本观点。习近平指出："文明交流互鉴不应该以独尊某一种文明或者贬损某一种文明为前提。""要了解各种文明的真谛，必须秉持平等、谦虚的态度。如果居高临下对待一种文明，不仅不能参透这种文明的奥妙，而且会与之格格不入。历史和现实都表明，傲慢和偏见是文明交流互鉴的最大障碍。"

中国认为网络空间是各个文明、文化、国家交流最为广泛的通道，认为网络空间应该避免重复各国在传统空间所走的弯路，不应复制传统空间中的武装化倾向和格格不入的敌我势力划分，从世界观上秉持一种和解主义的思想，做到各文明、文化、国家之间的相互尊重、和平共处。总之，网络空间命运共同体超越了大国之间的传统敌对思维，包容了各个利益主体，成为中国对网络空间的总体看法和行动纲领。

中国政府早在 2017 年就发布了《网络空间国际合作战略》，概括了中国的网络空间全球治理观念，阐释了习近平主席提出的"网络空间命运共同体"思想和"网络安全""数字经济""文化交流"等附属概念之间的关系。网络空间命运共同体是最高的、首要的、总体的概念，是全球互联网治理和国际合作的逻辑起点，强调文明、文化、国家之间的平等地位，体现对共识、理想、价值、新文明的追求。习近平主席关于网络空间命运共同体的讲话被放在《网络空间国际合作战略》的最前面引述。

因此，网络空间命运共同体是个提纲挈领式的顶层设计，包含安全、经济、人文等方面的理念。从经济上讲，互联互通对中国经济发展有百利而无一害。数字经济合作是《网络空间国际合作战略》的六大目标之一。从安全上讲，网络主权是维护网络空间和平的法律工具。当霸权国家、上游国家滥用网络空间、违背共同体精神的时候，中下游国家可以借助国家主权保护自身，维护网络空间和平。《网络空间国际合作战略》提倡和平原则和主权原则。从人文上讲，《网络空间国际合作战略》表示中国支持互联网的自由与开放，充分尊重公民在网络空间的权利和基本自由，还表示要利用互联网促进人类文明的进步。

《网络空间国际合作战略》强调合作和平等。中国外交部官员表示，武力威慑、经济制裁等传统理念、做法、学说不能简单照搬到网络空间来，这不能从根本上解决问题，反而会破坏网络空间的繁荣和稳定，损害各国之间的互信。网络空间安全是共同的、综合的，追求单方面的、绝对的安全是不可行的，也是不现实的，世界大国应该发挥正面的积极示范作用。

2017年8月14日，中国裁军大使傅聪在裁谈会"发展方向"工作组发表关于网络安全问题的讲话。他表示："各方要切实遵守《联合国宪章》宗旨与原则，特别是主权平等、不干涉内政、不使用或威胁使用武力、和平解决争端等原则，尊重彼此核心利益和重大关切。各方不应从事危害他国安全的网络活动，不应进行网络军备竞赛。那种将威慑、武力引入网络空间、试图'以暴制暴'的做法，不仅无助于增进安全，反而将增加网络空间冲突风险。"

傅聪建议："各方应在政府专家组相关讨论的基础上，稳步推进网络空间国际规则制定，增强相关规则制定的包容性和普世性。各方不应通过搞'小圈子'、拉志愿者同盟的方式，将所谓的'规则'强加于人。如此制定的'规则'，实际上无异于恃强凌弱的'丛林法则'，只会加剧对抗、扩大分歧，实际层面上也行不通。"

不管是对于中国的网络空间命运共同体的主张，还是针对互联网技术社群的类似宣言和实践，美国和俄罗斯网络安全圈人物都觉得难以理解。美国战略与国际问题研究中心高级副总裁刘易斯（James Lewis）是进攻式网络主权论的坚决支持者。他表示，网络空间命运共同体（global commons）并不是互联网和网络空间的本性，共同体的说法完全是空中楼阁，纯属幻觉，是错误的，互联网和网络空间并没有脱离主权控制，互联网所依赖的物理基础设施完全属于国家管辖。

俄罗斯网络安全圈人物也不理解中国为什么提倡网络空间命运共同

体。当被问及对网络空间命运共同体的看法时，俄罗斯互联网安全联盟（League of Safe Internet）主席丹尼斯·大卫杜夫（Denis Davydor）表示，俄罗斯认为西方国家不可能跟中国和俄罗斯构建网络空间命运共同体。西方一直采取敌视俄罗斯的行为，这决定俄罗斯必须采取反制的行动，这种敌对关系决定了不可能跟西方构建命运共同体，网络空间也是如此。大卫杜夫从历史视角看待俄罗斯和西方的关系，表示上千年来俄罗斯摸清了英美等西方国家的各种套路，认为西方国家的本性不会轻易发生变化，提醒中方要坚定地使用历史视角来思考西方。是冷战还是共同体？这两种思想的博弈将决定互联网的未来。